卷首语
JUAN SHOU YU

把《建造师》办成真正的建造师之家

据统计,全国已有约130多万人次参加了不同级别的建造师考试。项目经理逐步向建造师过渡,建造师执业资格考试及相关工作,近年来已成为全国建设领域普遍关注的工作和热点话题。我们的《建造师》杂志,就是在这样的大背景下,应运而生的。

日前,我们与建造师座谈时感到,目前建造师最关心的是考试。因此《建造师》创刊以来,我们都是把建造师考试作为重要栏目来办。读这一期的"考试园地"的几篇文章,对已经通过考试的建造师来说,回顾自己以往的工作、复习和考试的过程,肯定会有新的体会和提高;对正在复习,准备考试的准建造师,这一期"考试园地"的文章,应该会使你得到一些新的感悟和启示。

在编辑这一组文章的过程中,我们也感到了相关部门和工作人员高度的责任感。他们积极探索考试客观规律,确保考试质量的精神,值得尊敬。相信通过他们和广大建造师的共同努力,会很好地解决很多建造师在座谈中谈到的"会干不会考,会考不会干"的普遍现象,提高建造师考试的信度、效度和区分度。

"建造师人数将成为2006年9月1日正式执行的建设部颁发的四个新的设计与施工资质标准硬指标。"本刊记者专访建设部建筑市场管理司司长王素卿的这一消息,进一步明确了建造师在今后建筑行业特别是建筑企业资质中的地位和作用。建设部建筑市场管理司副司长王早生在全国第一期《建设工程项目管理规范》培训班上的讲话,不但明确了规范建设工程项目管理的作用,而且再一次强调了造就高素质的建造师队伍的重要意义。相信这也是我们的建造师所关注的问题。

再过几个月,我国加入WTO五年过渡期即将结束。一个全面的国内市场与国际市场一体化的历史时期,摆在我国建筑企业面前。在新的形势下,我国建筑企业特别是走上企业领导地位的建造师,将如何应对,应该说是一个重要而紧迫的任务。本期我们推出了中国建筑工程总公司开拓海外市场的做法和经验;中信—中铁建设联合体一举拿下62.5亿美元的世界公路项目最大单的做法和经验。在新的形势下,相信我们的企业,能够从战略的高度,深入研究WTO过渡期后更大挑战,抓紧做大做强,力争在过渡期后的WTO时代,在国际承包工程市场的竞争中,逐步打造出具有强大国际竞争力,实现可持续发展。

前两期的《建造师》,虽然也得到了广大建造师和准建造师的肯定和欢迎,但我们知道,还很不完善。日前,我们听取了各行各业建造师的意见,也听取了有关专家、学者的意见。今后,我们还将更深入地听取广大读者的意见。我们愿在各级领导、专家和广大建造师的帮助、鼓励和支持下,把《建造师》办成真正的建造师之家。

图书在版编目(CIP)数据

建造师.3/《建造师》编委会编. — 北京：中国建筑工业出版社，2006
 ISBN 7-112-08534-9

Ⅰ.建... Ⅱ.建... Ⅲ.建筑师—资格考核—自学参考资料 Ⅳ.TU

中国版本图书馆CIP数据核字(2006)第116019号

主　　编：李春敏
副 主 编：董子华
责任编辑：张礼庆
特邀编辑：杨智慧　魏智成　白　俊

《建造师》编辑部
地址：北京百万庄中国建筑工业出版社
邮编：100037
电话：(010)68339774(兼传真)
E-mail：jzs_bjb@126.com

建造师 3
《建造师》编委会编
*
中国建筑工业出版社出版、发行(北京西郊百万庄)
新华书店经销
世界知识印刷厂印刷
*
开本：880×1230毫米　1/16　印张：5¼　字数：180千字
2006年9月第一版　2006年9月第一次印刷
定价：**10.00**元

ISBN 7-112-08534-9
　　(15198)

版权所有　翻印必究
如有印装质量问题，可寄本社退换
(邮政编码 100037)
本社网址：http://www.cabp.com.cn
网上书店：http://ww.china-buiding.com.cn

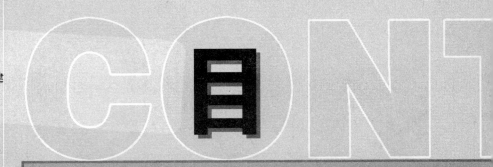

卷首语
把《建造师》办成真正的建造师之家

特别关注
1　设计与施工新资质出台　注册建造师成为硬指标
　　——访建设部建筑市场管理司司长王素卿　　华　安
7　规范建设工程项目管理　造就高素质的建造师队伍
　　——王早生同志在全国第一期《建设工程项目管理规范》宣贯培训班上的讲话(节选)

考试园地
12　解读建造师执业资格考试大纲　　缪长江
15　我国建造师执业资格考试制度的完善与发展　　江慧成
19　关于建造师专业划分和考试制度的改革建议　　孙继德

专题探讨
21　转变行业增长方式　打造跨国工程公司
　　——访中国对外承包工程商会副会长刁春和先生　　李春敏　董子华
24　全球承包工程市场规模状况
25　中国对外承包工程企业的发展策略探究　　杨俊杰
28　"CSCEC"的旗帜高扬在世界上空
　　——中国建筑工程总公司进入世界500强侧记　　华一岩　黄太平
31　他们赢得了"工程招投标领域的世界大战"
　　——记中信建设联合体一举中标阿尔及利亚东西高速公路工程
　　　　　　　　　　　　　　　　马传福　寇晓宇

研究与探索
33　中外建造师制度比较探微　　江慧成
38　在探索和实践中解决制度建设问题
　　——北京市一级建造师座谈会侧记　　董子华　张礼庆
41　中国建筑业市场高端竞争力的主要差距与提升途径
　　　　　　　　　　　　　　　　阎长骏　刘亚臣
47　中国建筑业的竞争形势与企业对策分析　　张娟

目录

项目管理

49　国内施工环境下的国际化项目施工管理
　　——奔驰厂房项目施工管理实践　　　　　刘吉诚　王红媛
53　英国伦敦希思罗机场五号航站楼项目 Partnering 应用实例　　孟宪海

工程法律

55　建筑工程司法鉴定费用构成分析　　　　　　　　　　姜芳禄
57　警示录　建安工程发票岂能乱开
　　——A 工商局与 B 建筑公司建筑工程款纠纷案　　　　李俊华

工程实践

59　建设工程合同管理基本任务与常见问题　　　　　　　卢智光
61　火力发电厂建设中建造师 P3 软件的应用技术　　　　刘　彬
64　建设工程的工程索赔和案例分析　　　　　　　史同鑫　鲍可庆

人力资源

67　浅谈我国大型工程施工总承包中的高效团队组建　　　徐仲卿
69　北京建工集团：高技能人才的摇篮　　　　　　　　　陈玉学

热点解答

72　很想知道智能建筑属于建造师的哪个专业等

建造师书苑

73　中国建筑业及其企业管理的新构思
　　——浅析《21 世纪中国建筑业管理理论与实践》
75　施工现场安全教育教案等

建设快讯

76　政策法规
77　建设简讯
78　各地政府　建造师考试、注册　质量安全
79　重大工程扫描　建造师职场
80　欢迎加盟"建造师俱乐部"

因《建造师》丛刊尚处于初始发展阶段，可能在近期不能定期出版发行。

《建造师1》出版后有许多读者打电话来咨询征订事宜，为感谢广大读者的关爱，即日起，凡一期订购 10 册的读者即能享受 8 折优惠，免费邮寄；并可直接申请参加"建造师俱乐部"，享受更多优惠。优惠方式以此为准。

订购款请汇至：中国建筑工业出版社《建造师》编辑部，邮编：100037

本社书籍可通过以下联系方法购买：
本社地址：北京西郊百万庄
邮政编码：100037
发行部电话：(010)58934816
传真：(010)68344279
邮购咨询电话：
(010)88369855 或 88369877

《建造师》顾问委员会及编委会

顾问委员会主任： 黄 卫　姚 兵

顾问委员会副主任： 赵 晨　王素卿　王早生　叶可明

顾问委员会委员(按姓氏笔画排序)：

刁永海	王松波	王燕鸣	韦忠信
乌力吉图	冯可梁	刘贺明	刘晓初
刘梅生	刘景元	孙宗诚	杨陆海
杨利华	李友才	吴昌平	忻国梁
沈美丽	张 奕	张之强	张金鳌
陈英松	陈建平	赵 敏	柴 千
骆 涛	徐义屏	逄宗展	高学斌
郭爱华	常 健	焦凤山	蔡耀恺

编委会主任： 丁士昭

编委会副主任： 江见鲸　缪长江

编 委 会 委 员(按姓氏笔画排序)：

王秀娟	王要武	王晓峥	王海滨
王雪青	王清训	石中柱	任 宏
刘伊生	孙继德	杨 青	杨卫东
李世蓉	李慧民	何孝贵	何佰洲
陆建忠	金维兴	周 钢	赵 勇
贺 铭	贺永年	顾慰慈	高金华
唐 涛	唐江华	焦永达	楼永良
詹书林			

海外编委：

Roger. Liska(美国)

Michael Brown(英国)

Zillante(澳大利亚)

设计与施工新资质出台
注册建造师成为硬指标
——访建设部建筑市场管理司司长王素卿

◆ 本刊记者 华 安

2006年9月1日,建设部颁发的《建筑智能化工程设计与施工资质标准》、《消防设施工程设计与施工资质标准》、《建筑装饰装修工程设计与施工资质标准》、《建筑幕墙工程设计与施工资质标准》四个新的设计与施工资质标准,将正式执行。

与过去相关资质标准相比,此次推出的四项新标准,打破了设计与施工的分类界线,设计施工成为一体。此标准的出台将从政策上大大推动工程总承包的发展。在四个新标准中,都在技术条件中对注册建造师数量作出了明确的要求,注册建造师成为新资质的硬指标。

作为指导我国建筑业发展的重要行业管理文件,标准的制订原则是什么?重点强调哪些方面?与旧标准相比有哪些新改变?记者为此专访了建设部建筑市场管理司王素卿司长。

建造师人数成为硬指标

王司长介绍说,建造师作为项目统筹的负责人,其作用和地位在新的标准中得到了明确的规定。以幕墙施工专项标准与幕墙设计施工一体化标准比较为例,一级专项标准在技术条件上,要求企业经理需具备8年以上从事工程管理经历或具备高级职称,总工程师需具备8年以上从事幕墙施工管理工作经历并具有相关专业高级职称,总会计师需具有中级以上会计职称,其他有职称的工程技术和经济管理专业技术人员不少于40人。其中工程技术人员不少于30人;工程技术人员中,具有中级以上职称不少于10人。且建筑、结构、机械、材料等相关专业人员齐全,企业具有的一级资质项目经理不少于5人。

一级一体化标准明确提出建造师人数上的要求,其他人员则相对降低了限定。标准规定:技术负责人需具有不少于8年建筑幕墙工程经历,具备一级注册建造师(一级结构工程师)或高级专业技术职称(所学专业为建筑结构类、机械类);专业技术人员不少于10人(所学专业为建筑结构类、机械类),其中机械类不少于6人,建筑结构类不少于4人。且从事建筑幕墙工作3年以上,参与完成建筑幕墙面积不小于3000平方米的工程(设计或施工或一体)不少于1项;具备一级注册建造师(一级结构工程师、一级项目经理)不少于6人。其他三项标准也在技术要求中,对建造师人数提出了明确要求。

新标准应时制订

王司长介绍说,工程设计资质标准分为四个系列,分别是综合类、行业类、专业类及专项类。其中专项类标准是指可以形成产业技术的专业类标准。此次颁布的这四个资质标准就是属于专项类标准,是设计施工一体的资质标准。设计施工一体的资质是以前没有出现过的新类型标准。

新标准出台之前,设计和施工中分别有建筑装饰、建筑幕墙、建筑智能化、消防等专项(专业)资质,企业需要分别获得设计或者施工资质,才能从事相应的设计或者施工活动。但在实际工作中,大多数企业在这些专项工程中设计和施工往往是紧密联系的:一是从事这四项工程的企业大部分同时具备设计和施工能力;二是企业的有关专业技术人员都是既搞设计又搞施工;三是在市场上,业主大多是设计和施工同时发包,要求由一家企业同时承担。因此,以往的市场准入管理如对这些企业是实行设计和施工资质分别审批,企业在申请资质时,要分别准备设计和施工的申请材料,很多企业虽然实际的设计施工能力都很强,但由于是两种资质,承接任务时,设计和施工需分别投标,造成了在市场上竞争的困难。

因此,结合贯彻落实行政许可法的要求,完善资质管理工作,建设部建筑市场管理司从2004年下半年开始研究制订建筑装饰、建筑幕墙、消防设施工程和建筑智能化设计与施工一体化的标准。

四项标准分别由中国建筑装饰协会、中国建筑金属结构协会铝门窗幕墙委员会、中国消防协会、中国勘察设计协会工程智能化分会负责起草。各协会组织了工作小组,先后召开了多次有关各类企业、专家参加的座谈会,广泛征求了各方面的意见,多次修改才形成了标准初稿。2005年7月建设部建筑市场管理司专门组织了各方面专家参加的研讨会,对四个标准初稿过行了专题研究和讨论,对其中的一些原则性问题和标准条件进行了研讨,并对初稿进行了修改,以建设部办公厅的名义向全国征求意见,并于2006年3月全国发布。

新标准更重实效

新出台的四项新标准分为四个部分:第一部分是总则,主要内容包括标准依据,标准适应对象,所涵盖工程的类别等。第二部分为具体条件,主要包括企业资信、注册资本金、近5年来的主要工程业绩、工程结算收入,对专业技术人员、技术负责人的资格要求等。第三部分为获得资质后企业的承担任务范围。第四部分为附则,主要是企业升级办法,与原资质的关系,标准的解释等。

与原有标准相比,新标准的制订主要遵循四条原则:一是公开原则。新标准本着落实行政许可法的要求,资质的标准条件具体详细,着重有利于企业发展,减轻企业负担,使够条件的企业均可进入。二是自愿原则。由企业根据实际需要,对照标准自愿提出申请。三是便利原则。新标准简化资质条件,尽量使条件简单、明了,便于企业申请和审查。同时,新的一体化资质企业注册资本金、技术装备等指标不低于单一的设计或者施工企业条件,进一步强化了个人执业资格。四是分级原则。新标准适当拉开了档次,将标准分为一级和二级两个级别(建筑装饰装修工程分为一、二、三级),企业只要具备了基本能力,就可进入市场,但一级标准相对较高,不同级别企业数量将形成金字塔结构。其中一级资质由建设部审批,二级资质(建筑装饰装修工程二、三级资质)由建设部委托各地建设主管部门审批,体现权责相当,分级管理的精神。其中建筑智能化原有标准没有分级,现在分为一级和二级两级。

与原有标准相比,新标准更注重实效。在资历信誉方面,新标准不再着重要求企业人员数量,而更着重体现企业的技术人员和执业注册人员的要求,对技术负责人和专业技术人员有具体规定。管理方面新标准不再具体要求技术人员的固定工作场所和技术骨干的工作面积,而只要求有必要的技术装备和工作场所即可,企业管理和质量等方面更注重健全性及标准宣贯情况。业务范围上新标准在承担的具体业务范围上做了细化。如建筑智能化标准中增加了舞台设施,建筑装饰装修工程则不再分内装外装,并将新建建筑物的一次装修与原有建筑物的二次装修都涵盖在其业务范围之内。

新标准鼓励企业申请

王司长着重说明,新出台的设计与施工一体化标准体现了注册建造师的情况,并将设计中对应的专业注册人员也纳入了相应的系列。设计与施工一体化同时考虑到了设计与施工两方面的标准,鼓励具有设计或施工资质标准的企业积极申请设计与施工一体化资质标准,支持他们勇于向工程总承包方向发展。企业只要在业绩上具备了设计或施工业绩,就可以申请设计与施工一体化资质,而不需要两方面都达到条件,这给企业开展这四个专业工程总承包创造了有利条件。例如建筑装饰装修工程设计企业,只要配齐了建造师,并承接过大型工程,就可以申请设计与施工一体化资质。

王司长解释说,新的设计施工一体的标准出台,并不意味着过去的设计、施工分开的标准就此作废。新标准与过去的标准同时在市场上发挥作用,企业可以按照自己的条件和发展方向,自由选择申请不同的标准。

附:专项施工资质新旧标准比较。

幕墙专项施工与一体化资质比较

标准/分级				
幕墙施工与幕墙设计施工一体化标准比较		一级(设计施工一体)		一级(施工)
	企业资信	工商注册资本金：不少于1000万元，净资产不少于1200万元 近5年承担单体建筑幕墙面积不小于6000平方米的工程(设计或施工或一体)不少于6项 近3年每年工程结算收入不少于4000万元	企业资信	工商注册资本金：1000万元以上，净资产1200万元以上 近5年承担高度100米以上、单位工程量10000平方米以上建筑幕墙工程2个或高度60米以上、单位工程量6000平方米以上建筑幕墙工程6个 近3年最高年工程结算收入4000万元以上
	技术条件	技术负责人：不少于8年建筑幕墙工程经历，具备一级注册建造师(一级结构工程师)或高级专业技术职称(所学专业为建筑结构类、机械类) 专业技术人员：不少于10人(所学专业为建筑结构类、机械类)，其中机械类不少于6人，建筑结构类不少于4人。且从事建筑幕墙工作3年以上，参与完成建筑幕墙面积不小于3000平方米的工程(设计或施工或一体)不少于1项 具备一级注册建造师(一级结构工程师、一级项目经理)不少于6人	技术条件	企业经理：8年以上从事工程管理经历或具备高级职称 总工程师：8年以上从事幕墙施工管理工作经历并具有相关专业高级职称 总会计师：具有中级以上会计职称 专业技术人员：有职称的工程技术和经济管理人员不少于40人。其中工程技术人员不少于30人；工程技术人员中，具有中级以上职称不少于10人。且建筑、结构、机械、材料等相关专业人员齐全 企业具有的一级资质项目经理不少于5人
	管理装备	必要的技术装备及固定的工作场所，有完善的质量管理体系，具备技术、安全、经营、人事、财务、档案等管理制度	管理装备	具有与生产、制作、安装配套的检测设备；具有用于建筑幕墙加工制作的厂房面积不少于3000平方米；具有制作隐框玻璃幕墙的净化打胶间和固化养护间及配套的机械加工、打胶设备
	业务范围	承担建筑幕墙的规模不受限制	业务范围	承担各类建筑幕墙工程的施工
		二级(设计施工一体)		二级(施工)
	企业资信	工商注册资本金：不少于500万元，净资产不少于600万元 近5年承担单体建筑幕墙面积不小于2000平方米的工程(设计或施工或一体)不少于4项 近3年每年工程结算收入不少于1000万元	企业资信	工商注册资本金：500万元以上，净资产600万元以上 近5年承担高度60米以上、单位工程量6000平方米以上建筑幕墙工程2个或高度20米以上、单位工程量2000平方米以上建筑幕墙工程4个 近3年最高年工程结算收入1500万元以上
	技术条件	技术负责人：不少于6年建筑幕墙工程经历，具备二级及以上注册建造师(结构工程师)或中级及以上专业技术职称(所学专业为建筑结构类、机械类) 专业技术人员：不少于5人(所学专业为建筑结构类、机械类)，其中机械类不少于3人，建筑结构类不少于2人。且从事建筑幕墙3年以上，参与完成建筑幕墙面积不小于2000平方米的工程(设计或施工或一体)不少于1项 具备二级及以上注册建造师(结构工程师、项目经理)不少于5人	技术条件	企业经理：6年以上从事工程管理经历或具备中级以上职称 技术负责人：6年以上从事幕墙施工管理工作经历并具有相关专业中级以上职称 财务负责人：具有中级以上会计职称 专业技术人员：有职称的工程技术和经济管理人员不少于30人其中工程技术人员不少于25人；工程技术人员中，具有中级以上职称不少于5人。且建筑、结构、机械、材料等相关专业人员齐全 企业具有的二级资质以上项目经理不少于5人
	管理装备	必要的技术装备及固定的工作场所，有完善的质量管理体系，具备技术、安全、经营、人事、财务、档案等管理制度	管理装备	具有与生产、制作、安装配套的检测设备；具有用于建筑幕墙加工制作的厂房面积不少于2000平方米；具有制作隐框玻璃幕墙的净化打胶间和固化养护间及配套的机械加工、打胶设备
	业务范围	承担单体建筑幕墙面积不大于8000平方米的建筑工程	业务范围	承担单项合同额不超过企业注册资本金5倍且单项工程面积在8000平方米及以下、高度80米及以下的建筑幕墙工程的施工
		三级(无)		三级(施工)
			企业资信	工商注册资本金：200万元以上，净资产250万元以上 近5年承担2个以上单位工程量1000平方米以上建筑幕墙工程施工 近3年最高年工程结算收入500万元以上
			技术条件	企业经理：3年以上从事工程管理经历 技术负责人：5年以上从事幕墙施工管理工作经历并具有相关专业中级以上职称 财务负责人：具有初级以上会计职称 专业技术人员：有职称的工程技术和经济管理人员不少于15人。其中工程技术人员不少于10人；工程技术人员中，具有中级以上职称不少于3人 企业具有的三级资质项目经理不少于3人
			管理装备	具有与生产、制作、安装配套的检测设备；具有用于建筑幕墙加工制作的厂房面积不少于2000平方米；具有制作隐框玻璃幕墙的净化打胶间和固化养护间及配套的机械加工、打胶设备
			业务范围	承担单项合同额不超过企业注册资本金5倍且单项工程面积在3000平方米及以下、高度30米及以下的建筑幕墙工程的施工

消防专项施工与一体化资质比较

标准/分级		一级(设计施工一体)		一级(施工)
消防施工与消防设计施工一体化标准比较	企业资信	注册资金:不少于800万元,净资产:不少于960万元 近5年承担单体建筑面积不小于3万平方米消防工程(设计或施工或一体)不少于3项。其中3项均含火灾自动报警、联动控制、自动灭火,至少1项含有气体灭火或泡沫灭火或防烟排烟 近3年每年工程结算收入不少于1200万元	企业资信	注册资金:500万元以上,净资产:600万元以上 近5年承担2项以上建筑面积4万平方米以上火灾自动报警和固定灭火系统工程施工 近3年最高年工程结算收入不少于2500万元以上
	技术条件	技术负责人:不少于8年消防工程经历,主持完成单体建筑面积不小于3万平方米的消防工程(设计或施工或一体)不少于2项,具备注册电气工程师(公用设备)执业资格或高级工程类技术职称 技术人员:工程类中级及以上不少于20人。其中电气、自动化、给排水、暖通各不少于3人。注册电气工程师(结构工程师、公用设备)或高级工程类职称人员不少于5人,一级注册建造师(一级项目经理)不少于5人 不少于2人具有至少1项气体灭火业绩(设计或施工) 不少于2人具有至少1项泡沫灭火业绩(设计或施工) 不少于2人具有至少1项防烟排烟灭火业绩(设计或施工) 不少于2人具有至少2项自动喷水灭火业绩(设计或施工) 不少于2人具有至少2项火灾自动报警及其联动控制业绩(设计或施工)	技术条件	企业经理:8年以上工程管理经历或高级职称 总工程师:8年以上消防施工工作经历,具备电气、设备或相关专业高级职称 总会计师:中级以上会计职称 有职称的工程技术和经济管理人员不少于40人。其中电气、设备等有职称人员不少于30人;工程技术人员中,高级职称不少于10人,且经消防专业考试合格的工程技术人员不少于15人 具有一级资质项目经理不少于5人,且经消防专业考试合格
	管理装备	必要的技术装备、固定工作场所。有质量管理体系及技术、安全、经营、人事、财务、档案等管理制度	管理装备	具有火灾自动报警系统检测设备、自动喷水灭火系统喷头安装专用工具、消火栓和防烟排烟系统检查测试设备和质量检验设备
	业务范围	火灾自动报警及其联动控制、自动喷水灭火、水喷雾灭火、气体灭火、泡沫灭火、干粉灭火等自动灭火、防烟排烟。以上消防工程可以承接咨询、设计、施工、一体以及相应的工程总承包、项目管理,规模不受限制	业务范围	可承担各类消防设施工程的施工
		二级(设计施工一体)		二级(施工标准)
消防施工与消防设计施工一体化标准比较	企业资信	注册资金:不少于500万元,净资产:不少于600万元 近5年承担单体建筑面积不大于4万平方米消防工程(设计或施工或一体)不少于2项。其中2项均含火灾自动报警、联动控制、自动灭火,至少1项含有气体灭火或泡沫灭火或防烟排烟 近3年每年工程结算收入不少于800万元	企业资信	注册资金:300万元以上,净资产:400万元以上 近5年承担2项以上建筑面积2万平方米以上火灾自动报警和固定灭火系统工程施工 近3年最高年工程结算收入不少于1500万元以上
	技术条件	技术负责人:不少于6年消防工程经历,主持完成单体建筑面积不小于2万平方米的消防工程(设计或施工或一体)不少于2项,具备注册电气工程师(公用设备)执业资格或高级工程类技术职称 技术人员:工程类中级及以上不少于12人。其中电气、自动化、给排水、暖通各不少于2人。注册电气工程师(结构工程师、公用设备)或高级工程类职称人员不少于3人,二级注册建造师(项目经理)不少于3人 不少于1人具有至少1项气体灭火业绩(设计或施工) 不少于1人具有至少1项泡沫灭火业绩(设计或施工) 不少于1人具有至少1项防烟排烟灭火业绩(设计或施工) 不少于2人具有至少1项自动喷水灭火业绩(设计或施工) 不少于2人具有至少1项火灾自动报警及其联动控制业绩(设计或施工)	技术条件	企业经理:5年以上工程管理经历或高级职称 技术负责人:5年以上消防施工工作经历,具备电气、设备或相关专业高级职称 财务负责人:中级以上会计职称 有职称的工程技术和经济管理人员不少于30人。其中电气、设备等有职称人员不少于20人;工程技术人员中,高级职称不少于3人,中级职称不少于6人,且经消防专业考试合格的工程技术人员不少于10人 具有二级资质项目经理不少于3人,且经消防专业考试合格
	管理装备	必要的技术装备、固定工作场所。有质量管理体系及技术、安全、经营、人事、财务、档案等管理制度	管理装备	具有火灾自动报警系统检测设备、自动喷水灭火系统喷头安装专用工具、消火栓和防烟排烟系统检查测试设备和质量检验设备
	业务范围	规模限制为:单体建筑面积不大于4万平方米的民用建筑、火灾危险性为丙类及以下的厂房和库房的消防工程	业务范围	可承担建筑高度100米及以下、建筑面积5万平方米及以下的房屋建筑,易燃、可燃液体和可燃气体生产、储存装置等消防设施工程的施工
		三级(无)		三级(施工标准)
消防施工与消防设计施工一体化标准比较			企业资信	注册资金:100万元以上,净资产:150万元以上 近5年承担2项以上建筑面积1万平方米以上火灾自动报警和固定灭火系统工程施工 近3年最高年工程结算收入不少于500万元以上
			技术条件	企业经理:3年以上工程管理经历或高级职称 技术负责人:3年以上消防施工工作经历,具备电气、设备或相关专业高级职称 财务负责人:中级以上会计职称 有职称的工程技术和经济管理人员不少于20人。其中电气、设备等有职称人员不少于10人;工程技术人员中,高级职称不少于2人,中级职称不少于4人,且经消防专业考试合格的工程技术人员不少于5人 具有三级资质项目经理不少于2人,且经消防专业考试合格
			管理装备	具有火灾自动报警系统检测设备、自动喷水灭火系统喷头安装专用工具、消火栓和防烟排烟系统检查测试设备和质量检验设备
			业务范围	可承担建筑物高度24米及以下、建筑面积2.5万平方米及以下的房屋建筑消防设施工程的施工

智能专项施工与一体化资质比较

标准/分级			一级(设计施工一体)		一级(施工)
智能施工与智能设计施工一体化标准比较	企业资信	注册资金:不少于800万元,净资产:不少于960万元。近5年承担单项合同额不少于1000万元的智能化工程(设计或施工或一体)不少于2项。近3年每年工程结算收入不少于1200万元。		企业资信	注册资金:1000万元以上,净资产:1200万元以上 近5年承担2项造价1000万元以上的智能化工程施工 近3年最高年工程结算收入3000万元以上。
	技术条件	技术负责人:不少于8年智能工程经历,主持完成合同额不少于1000万元的智能化工程(设计或施工或一体)不少于2项,具备注册电气工程师执业资格或高级工程类技术职称。		技术条件	企业经理:10年以上从事工程管理经历或具有高级职称 总工程师:10年以上从事施工管理经历并具有相关专业高级职称 总会计师:具有中级以上会计职称
		技术人员:中级及以上工程类技术人员不少于20人。其中自动化、通信信息、计算机专业分别不少于2人。注册电气工程师不少于2人,一级注册建造师(一级项目经理)不少于2人。 专业技术人员均具有完成不少于2项建筑智能化工程(设计或施工或设计施工一体)业绩			技术人员:工程技术和经济管理人员不少于100人。其中,工程技术人员不少于60人。且计算机、电子、通讯、自动化等专业人员齐全。工程技术人员中,具有高级职称的人员不少于5人,中级职称的人员不少于20人 一级资质项目经理:不少于5人
	管理装备	必要的技术装备、固定工作场所。有质量管理体系及技术、安全、经营、人事、财务、档案等管理制度		管理装备	具有与承包工程范围相适应的施工机械和质量检测设备
	业务范围	承担建筑智能化工程的规模不受限制		业务范围	承担各类建筑智能化工程的施工
			二级(设计施工一体)		二级(施工)
	企业资信	注册资金:不少于300万元,净资产:不少于360万元。近5年承担单项合同额不少于300万元的智能化工程(设计或施工或一体)不少于2项。近3年每年工程结算收入不少于600万元。		企业资信	注册资金:500万元以上,净资产:600万元以上 近5年承担2项造价500万元以上的智能化工程施工 近3年最高年工程结算收入1000万元以上
	技术条件	技术负责人:不少于6年智能工程经历,主持完成合同额不少于500万元的智能化工程(设计或施工或一体)不少于1项,具备注册电气工程师执业资格或中级及以上工程类技术职称。		技术条件	企业经理:5年以上从事工程管理经历或具有中级以上职称 技术负责人:5年以上从事施工管理经历并具有相关专业中级职称 财务负责人:具有初级以上会计职称
		技术人员:中级及以上工程类技术人员不少于10人。其中自动化、通信信息、计算机专业分别不少于1人。注册电气工程师不少于2人,二级及以上注册建造师(项目经理)不少于2人。 专业技术人员均具有完成不少于2项建筑智能化工程(设计或施工或设计施工一体)业绩			技术人员:工程技术和经济管理人员不少于50人。其中,工程技术人员不少于30人。且计算机、电子、通讯、自动化等专业人员齐全。工程技术人员中,具有高级职称的人员不少于3人,中级职称的人员不少于10人 二级资质项目经理:不少于5人
	管理装备	必要的技术装备、固定工作场所。有质量管理体系及技术、安全、经营、人事、财务、档案等管理制度		管理装备	具有与承包工程范围相适应的施工机械和质量检测设备
	业务范围	承担单项合同额1200万元及以下的建筑智能化工程		业务范围	承担工程造价1200万元及以下的建筑智能化工程的施工
			三级(无)		三级(施工)
				企业资信	注册资金:200万元以上,净资产:240万元以上。近5年承担2项造价200万元以上智能化或综合布线工程施工 近3年最高年工程结算收入300万元以上。
				技术条件	企业经理:5年以上从事工程管理经历 技术负责人:5年以上从事施工管理经历并具有相关专业中级以上职称 财务负责人:具有初级以上会计职称
					技术人员:工程技术和经济管理人员不少于20人。其中,工程技术人员不少于12人。且计算机、电子、通讯、自动化等专业人员齐全。工程技术人员中,具有高级职称的人员不少于1人,中级职称的人员不少于4人 三级资质项目经理:不少于3人
				管理装备	具有与承包工程范围相适应的施工机械和质量检测设备
				业务范围	承担工程造价600万元及以下的建筑智能化工程的施工

装饰专项新、旧、一体化资质比较

标准/分级		甲级(老标准)		甲级(新标准)
装饰设计专项新旧资质比较	资历信誉	注册资金:不少于100万元 从事装饰业务6年以上,承担不少于5项工程造价在1000万元以上的高档装饰设计	资历信誉	注册资金:不少于100万元 近2年内完成中型建筑装饰工程不少于2项,或大型建筑装饰工程不少于1项
	技术力量	专职技术骨干不少于15人,其中建筑装饰设计(建筑学、设计、环境艺术、工艺美术、艺术设计)不少于8人,从事结构、电气、给排水、暖通、空调设计各不少于1人 建筑装饰设计主持人具有高级职称	技术力量	技术负责人:不少于10年从事建筑装饰设计经历,主持大中型建筑装饰项目不少于2项(大型不少于1项),大专及以上学历中级及以上职称 专业技术人员:环境艺术设计、室内设计、建筑专业不少于5人,电气、给排水、暖通、空调、结构专业各不少于1人。非注册人员应参与大型装饰设计不少于1项或中型装饰设计不少于1项,具有中级及以上专业技术职称
	管理装备	参加过国家、地方设计标准、规范图集的编制或行业业务建设工作。有质量保障体系和技术、经营、人事、财务、档案制度有固定工作场所,技术骨干每人不低于15平方米达到国家减数主管部门规定的技术装备及应用水平考核标准	管理装备	必要的技术装备及工作场所,企业管理组织、标准体系、质量体系健全,宜通过ISO-9001标准质量体系认证
	业务范围	设计项目的范围不受限制	业务范围	承担建筑装饰工程项目的主体及配套工程设计,其设计范围和规模不受限制
		乙级(老标准)		乙级(新标准)
	资历信誉	注册资金:不少于50万元 从事装饰业务4年以上,承担不少于3项工程造价在500万元以上的装饰设计	资历信誉	注册资金:不少于50万元
	技术力量	专职技术骨干不少于10人,其中建筑装饰设计(建筑学、设计、环境艺术、工艺美术、艺术设计)不少于5人,从事结构、电气、给排水设计各不少于1人 建筑装饰设计主持人具有高级职称	技术力量	技术负责人:不少于6年从事建筑装饰设计经历,主持中型建筑装饰项目2项,大专以上学历中级以上职称 专业技术人员:环境艺术设计、室内设计、建筑专业不少于3人,电气、给排水、暖通专业各不少于1人。非注册人员应参与中型装饰设计不少于2项,具有中级及以上专业技术职称
	管理装备	参加过国家、地方设计标准、规范图集的编制或行业业务建设工作。有质量保障体系和技术、经营、人事、财务、档案制度有固定工作场所,技术骨干每人不低于15平方米达到国家减数主管部门规定的技术装备及应用水平考核标准	管理装备	必要的技术装备及工作场所,完善的质量体系和技术、财务、档案等管理制度
	业务范围	承担民用建筑工程设计二级及以下民用建筑工程装饰设计	业务范围	承担1000万元以下的建筑装饰主体工程和配套工程设计
		丙级(老标准)		丙级(家装)(新标准)
	资历信誉	注册资金:不少于20万元从事装饰业务2年以上,承担不少于3项工程造价在250万元以上的装饰设计	资历信誉	注册资金:不少于10万元
	技术力量	专职技术骨干不少于6人,其中建筑装饰设计(建筑学、室内设计、环境艺术、工艺美术、艺术设计)不少于3人,从事结构、电气设计各不少于1人 建筑装饰设计主持人具有中级职称	技术力量	技术负责人:3年以上从事建筑装饰设计经历,大专及以上学历中级以上职称 专业技术人员:环境艺术设计、室内设计、建筑专业不少于2人,电气、给排水专业各不少于1人
	管理装备	参加过国家、地方设计标准、规范图集的编制或行业业务建设工作。有质量保障体系和技术、经营、人事、财务、档案制度有固定工作场所,技术骨干每人不低于15平方米 技术骨干计算机人均1台,计算机人均出图率不低于75%	管理装备	必要的技术装备及工作场所,较完善的质量体系和管理制度
	业务范围	承担民用建筑工程设计三级及以下民用建筑工程装饰设计	业务范围	承担500万元以下的建筑装饰工程(仅限住宅装饰装修)的设计与咨询

标准/分级		一级		二级		三级
装饰设计施工一体化标准	企业资信	工商注册资本金:不少于1000万元,净资产不少于1200万元 近5年承担单项合同额不少于1500万元装饰工程(设计或施工或一体)不少于2项,或单项合同额不少于750万元装饰工程(设计或施工或一体)不少于4项 近3年每年工程结算收入不少于4000万元	企业资信	工商注册资本金:不少于500万元,净资产不少于600万元 近5年承担单项合同额不少于500万元装饰工程(设计或施工或一体)不少于2项;或单项合同额不少于250万元装饰工程(设计或施工或一体)不少于4项 近3年每年工程结算收入不少于1000万元	企业资信	工商注册资本金:不少于50万元,净资产不少于60万元
	技术条件	技术负责人:不少于8年建筑装饰工程经历,具备一级注册建造师(一级结构工程师、一级建筑师、一级项目经理)或高级专业技术职称 专业技术人员:具备一级注册建造师(一级结构工程师、一级项目经理)不少于6人	技术条件	技术负责人:不少于6年建筑装饰工程经历,具备二级及以上注册建造师(注册结构工程师、建筑师、项目经理)或中级专业技术职称 专业技术人员:具备二级及以上注册建造师(结构工程师、项目经理)不少于5人	技术条件	技术负责人:不少于3年建筑装饰工程经历,具备二级及以上注册建造师(建筑师、项目经理)或中级及以上专业技术职称
	管理装备	必要的技术装备及固定的工作场所,有完善的质量管理体系,具备技术、安全、经营、人事、财务、档案等管理制度	管理装备	必要的技术装备及固定的工作场所,有完善的质量管理体系,具备技术、安全、经营、人事、财务、档案等管理制度	管理装备	必要的技术装备及固定的工作场所,有完善的技术、安全、合同、财务、档案等管理制度
	业务范围	承担各类建筑装饰装修的咨询、设计、施工和设计施工一体化工程以及相应的总承包和项目管理工程,规模不受限制(建筑幕墙工程除外)	业务范围	承担各类建筑装饰装修的咨询、设计、施工和设计施工一体化工程以及相应的总承包和项目管理工程,单项合同额不高于1200万元装饰装修工程(建筑幕墙工程除外)	业务范围	承担各类建筑装饰装修的咨询、设计、施工和设计施工一体化工程以及相应的总承包和项目管理工程,单项合同额不高于300万元装饰装修工程(建筑幕墙工程除外)

规范建设工程项目管理
造就高素质的建造师队伍

——王早生同志在全国第一期《建设工程项目管理规范》宣贯培训班上的讲话(节选)

一、关于《规范》的修订情况介绍

(一)充分认识贯彻执行《规范》重要性

积极推进科学、先进的工程项目管理,是提高我国工程建设管理水平,保证工程质量和投资效益,规范建筑市场秩序的重要措施;是加快与国际工程管理方法接轨,适应社会主义市场经济发展和加入世界贸易组织后新形势的必然要求;是提高我国工程建设类企业国际竞争力的有效途径。

编制《规范》就是为了提升我国的项目管理水平。

《规范》的修订是在借鉴国际先进项目管理知识体系与通用做法,全面地总结我国二十年来推进建设工程项目管理体制改革主要经验的基础上编制完成的。经过近2年来各方面的共同努力,新《规范》已经在2006年6月21日颁布,将于2006年12月1日起实施。新《规范》的颁布和实施对进一步深化和规范项目管理的行为和基本做法,提高建设工程项目管理水平,具有十分重要的意义。

(二)对原《规范》进行修订的原因

修订原《规范》的主要原因有以下几个方面:

1.原《规范》只规范了施工项目管理做法,与《建设工程项目管理规范》的名称含义不一致,不能满足建设工程项目管理各方的要求。

2.原《规范》对建设工程项目管理的行为规范不够全面,对范围管理、采购管理、环境管理、沟通管理、风险管理等重要内容的规范力度较差,有严重缺项。

3.原《规范》对项目管理的国际化要求不明确,只提出与国际惯例接轨。"国际惯例"这个词是比较模糊的,到目前为止,项目管理还没有被所有国家公认的国际惯例,只有一些应用较广、通用的做法;我们讲项目管理国际化,强调在进行国际工程承包和管理中,其行为准则能够被各国的业主所接受,也能被我国的项目或项目管理委托方所接受并给予认可。所以,《规范》是把国际上一些通行做法与我国实践成果经验融为一体,不是简单地照抄照搬国外做法。

4.原《规范》发布以来,我国的项目管理理论研究和实践应用又有了很大发展,使得原《规范》相对滞后。首先,进入21世纪后,我国项目管理知识的学习和实践应用力度大大加强,世界银行、IPMA、PMI、澳大利亚、新加坡、香港等模式的项目管理理论和实践进入我国;其次,国务院发布了《国务院关于投资体制改革的决定》,建设部制定了《关于培育发展工程总承包和工程项目管理企业的指导意见》、《建设工程项目管理试行办法》等规范性文件;再次,工程总承包企业和项目管理企业队伍迅猛发展,项目管理的理论研究和实践应用水平都上了一个新台阶。作为《规范》,必须具有长效性,但更重要的是要适应形势变化,能够对事业的发展起引导和助推作用。

5.原《规范》对施工项目管理的一般规定在有的条目中相对较细,近似规程,但对某些关键做法和要求又显得较粗,粗细相差悬殊,需要协调统一。

6.原《规范》没有对建设工程项目管理提出自主创新的要求,特别是坚持"以人为本"和科学发展观的思想。近20年来我国所走过的建设工程项目管理之路,就是以自主创新为主要特征的,原《规范》虽然对此进行了总结,但是条文中没有强调。新《规范》明确提出,坚持项目管理以人为本和科学发展观,走我国自主创新道路。

因此,修改原《规范》,推出能够满足新时期以及市场化需要的新《规范》,是我国工程建设的迫切要求,是项目管理的专业化、科学化、国际化发展的需要。新《规范》正是根据这些原则和需要进行了较大范围的修订。

(三)新《规范》的主要特点

1.项目管理行为规范化

新《规范》规范的是项目管理行为。新《规范》针对一个组织进行项目管理时需要的管理行为进行规范，而不管这个组织是建设工程项目的哪一个相关组织。只要他进行建设工程项目管理，就应该这样去做。因此，新《规范》反映了项目管理的规律和对项目管理各方的共性要求。新《规范》不对项目管理的各类组织的独特项目管理行为进行规范，这项工作是相关项目管理规程的任务。项目管理规范对将来各类工程建设相关企业编制项目管理规程具有指导作用。

2.项目管理内容全面化

新《规范》从项目管理理论体系的全局上对项目管理作出了全面的规定。新《规范》与原《规范》都是18章，但是新《规范》有8章是新名称，有许多新内容，包括项目范围管理、项目管理组织、项目采购管理、项目资源管理、项目环境管理、项目风险管理、项目沟通管理、项目收尾管理，其余各章也都有较大的修改。这样一来，新《规范》的内容体系完整了，规范行为的范围全面了，条文涉及的对象更广了，所能发挥的作用也就更大了。

3.适用范围广泛化

由于新《规范》约束的对象是建设工程项目实施过程和各环节的管理行为，规定其主要的组织要求和管理技术要求，可以供建设单位、开发单位、项目管理单位、咨询单位、监理单位、总承包单位、设计单位、供应单位、施工单位、分包单位及其他与建设工程项目相关的单位使用。只要某个单位进行与建设工程项目有关的项目管理活动，就应该按照新《规范》去做。当然，新《规范》并没有规范所有组织全部的项目管理行为，也不应该要求《规范》包容各类组织的所有项目管理行为。

4.促进项目管理的国际化

一些国际上的项目管理组织的先进做法在我们国家得到广泛的应用，所以《规范》能将这些内容反映进去，与我们的实践成果也是分不开的。当然，《规范》的主要着眼点在于提高我们国家本身的工程建设管理水平，但是另一方面，对于我们的企业特别是大型企业实施"走出去"战略，为国外的业主服务是会有帮助的。《规范》与国际接轨，也是对我们"走出去"的一个有力的技术保障。

5.有利于促进工程总承包和工程项目管理企业的发展

我国要大力培育发展工程总承包和工程项目管理企业，除了要进行组织、技术、资产等硬件建设以外，还要进行管理体制、管理模式、管理文化等软件建设。项目管理方面的建设是建立工程总承包企业和工程项目管理企业的重要软件建设内容。新《规范》的制订，充分考虑了我国的这一新情况和新需要，为工程总承包企业和工程项目管理企业提供了项目管理的模式、理论、组织、方法和运行的全面支持，有利于支持工程总承包企业和工程项目管理企业的快速发展。

6.有利于建造师执业素质的提高

我国新建立的建造师执业资格制度与建设工程项目管理有着不可分割的关系。建造师的主要岗位是项目管理，项目管理是建造师必须具备的最主要的知识和最关键的技能。过去，我国没有形成供给建造师学习和应用的项目管理规范，没有适应我国实际需要的项目管理系统知识，故只能零散地引用国外的一些东西。项目管理是从国外引进的，我们在他人的基础上进行创新，实际上是三种自主创新（原始创新、集成创新和引进消化吸收再创新）中的引进消化吸收再创新。新《规范》就是在项目管理方面的引进消化吸收再创新。建造师要接受这方面知识的培训教育，不断提高自己的素质，并在执业中实施应用。新《规范》出台以后，建造师执业资格考试中关于项目管理的一些知识的考核点，都可以结合新《规范》来命题，使得我们有关建设事业的各项制度、各项技术标准、行政管理法规，虽然各有分工，但是互相之间又有衔接。

(四)《规范》的新内容

1.《总则》中提出一系列新思想

在《总则》中提出了以下项目管理新思想：第一，促进建设工程项目管理国际化的新思想；第二，按照《规范》要求建立项目管理组织、规范组织的项目管理行为的新思想；第三，坚持自主创新、采用先进的管理技术和现代化管理手段的新思想；第四，坚持以人为本和科学发展观的新思想；第五，全面实行项目经理责任制、不断提高项目管理水平、实现可持续发展的新思想。这些思想适应了我国新时期经济社会发展的现实需要和发展战略。

2.重视"范围管理"

原《规范》中是没有范围管理的。没有范围管理就没有明确的管理对象，就没有明确的职责界限，也就没有办法保证目标实现。不对范围进行控制，就不能掌握和处理范围变更，就会使目标失控。所以，新《规范》学习国际项目管理模式，增加了范围管理一章。

3.项目管理必须编制规划

在原《规范》中虽然规定了项目管理规划的必要性，但是由于受习惯的影响，实践中基本没有被接受，仍沿用施工组织设计。在新《规范》中的4.1.5条是这样规定的："大中型项目应单独编制项目管理实施规划；承包人的项目管理实施规划可以用施工组织设计或质量规划代替，但应能满足项目管理实施规划的要求"。为了搞好项目管理，项目管理规划是必需的，就如同规划对于设计、设计对于施工那样重要。现在要求承包企业编制的三个文件都可以用项目管理实施规划代替，三个文件的重复操作问题解决了。

4.设置了新章《项目管理组织》

新《规范》对项目管理组织的定义是:"实施或参与项目管理工作,且有明确的职责、权限和相互关系的人员和设施的集合。包括发包人、承包人、分包人和其他有关单位为完成项目管理目标而建立的管理组织"。

项目管理组织不一定是企业,它可能是进行项目管理的非法人组织、项目经理部或项目团队等。项目经理部是由项目经理领导的项目管理组织,也可称为项目团队。

5.继续强化项目经理责任制

项目经理责任制是我国项目管理的创新成果,是项目管理成功的保证。它的本质是以制度的方式强调项目经理在项目管理中的核心地位,为此要大力提高项目经理的素质,明确项目经理和法定代表人及组织管理层的关系,给项目经理以必要的责、权、利,利用好项目管理目标责任书这一重要工具。继续强化项目经理责任制是对项目管理组织的硬性要求。

讲到这里,我想谈点个人想法。过去,我国的国有企业责任不明确、责任不落实到人,出了问题没人负责。从改变这种状况出发,我们建立了项目经理责任制。但是,凡事都不能强调过头,包括我们现在建立各种执业资格制度也要避免走到另一个极端上去,如果在某一方面强调过头,就容易出问题。因为不管企业内部是什么样的制度,也不管它是怎样的运作体系或者运作模式,也不管国家对某一项执业资格管理也好,或者对某一些专业人士提出的法律责任要求也好,这都是对的,也都是要落实的。但是作为在市场运行当中的一个主体,负民事责任的主体,永远是企业。就像一个设计单位出了问题,由于建筑师把图画错了,那么要追究建筑师的责任,同时也要追究企业的责任,甚至是以追究企业的责任为主,企业反过来再来追究建筑师的责任。我们千万不要以为强化企业的内部管理,把责任落实到项目经理,企业法人就不管了。在发达的资本主义国家,也依然是企业负主要的民事责任,企业反过来可以追究内部人员的责任。我们要继续强化项目经理责任制,但是不要走极端,不能以个人代替企业。

6."采购管理"对象多元化

采购管理是新《规范》的新内容。新《规范》中指出,项目采购管理是"对项目的勘察、设计、施工、资源供应、咨询服务等的采购进行的计划、组织、指挥、协调和控制等活动。"这就是说,采购管理的对象是多元的,包括资源、勘察、设计、施工、咨询等服务。

7.强化环境管理

在原《规范》中,环境管理知识在施工项目的现场管理中提到了,并没有作为一个专门的项目管理专业活动和一种重要的知识重视起来。新《规范》给予了高度重视,作为单独一章,而把现场管理作为其中的一节,这是源于强化环境管理目的的。环境管理在世界上受到高度的重视。各类项目相关组织都应该建立环境管理体系,把环境管理搞好。

8.强调人力资源管理

在原《规范》中,虽然也对人力资源作了规定。但是,那实际上指的是劳动力管理,概念上是有片面性的。新《规范》"人力资源"的概念已经科学化了。新《规范》中规定的人力资源既包括作业人员,也包括管理人员。由于人力资源是最重要的资源,所以它在项目管理中有非常重要的作用。

9.突出风险管理

原《规范》只是在安全管理中作了简单的规定,离要求相差很远。新《规范》把它作为一章,突出了它的重要性。这一章共5节14条,份量是很重的。

10.充分发挥沟通管理的作用

新《规范》中,项目沟通管理是单独一章,在原《规范》中是没有的。原《规范》只规范了组织协调,而组织协调只是沟通的一种方法,沟通的范围要大得多,组织协调是其中一节。由于沟通在传递信息、疏通关系、解决矛盾、排除障碍及过程控制中有不可替代的作用,以及项目管理者在沟通中所花费时间和精力的大量性,项目管理组织和项目经理都要对沟通给予高度重视,以出色的沟通管理塑造成功的项目。

二、关于建造师执业资格制度的建立情况

(一)建立建造师执业资格制度的目的

为了加强建设工程项目管理,提高建设工程施工管理专业技术人员素质,规范施工管理行为,保证工程质量和施工安全,根据《中华人民共和国建筑法》、《建设工程质量管理条例》,我国决定建立建造师执业资格制度。人事部、建设部于2002年12月5日联合下发了《关于印发〈建造师执业资格暂行规定〉的通知》(人发[2002]111号),印发了《建造师执业资格制度暂行规定》。建造师执业资格制度是一项重要的改革举措和制度创新,必将对我国建设事业的发展带来重大而深远的影响。

(二)建筑业企业项目经理资质管理制度形成的背景

1992年7月,建设部发布了《建筑施工企业项目经理资质管理试行办法》,开始对建筑业企业项目经理实行资质认证制度,1996年7月1日起,项目经理需持证上岗并按资质等级承担工程项目的管理工作。到目前为止,全国已有近百万人参加了项目经理的培训,经各级建设行政主管部门批准取得项目经理资质证书的有60万人,其中一级项目经理有13万人。

(三)项目经理的定义及其职责

项目经理是受企业法定代表人委

托对工程项目施工过程全面负责的项目管理者,是建筑业企业法定代表人在工程项目上的代表。

(四)项目经理的资质管理内容

按照项目经理资质考核标准,项目经理资质分三个等级。一级项目经理由建设部组织考核认定,二、三级项目经理由省级建设行政主管部门进行考核认定。一级项目经理的名单及工程业绩在中国建设工程信息网上发布。

项目经理原则只能承担一个工程项目施工的管理工作。一级项目经理可承担一级资质建筑业企业营业范围内的工程项目管理;二级项目经理可承担二级资质以下(含二级)建筑业企业营业范围内的工程项目管理;三级项目经理可承担三级资质以下(含三级)建筑业企业营业范围内的工程项目管理。

项目经理资质管理部门每两年对《建筑业企业项目经理资质证书》持有者复查一次。同时,对发生工程建设质量、安全事故的项目经理随时进行复查,并进行降级的处理。项目经理达到上一个资质条件的,可随时提出升级申请。

(五)为什么现在要把项目经理行政审批制度改为建造师执业资格制度

首先,建立建造师执业资格制度是深化建设事业体制改革、完善建设工程领域执业资格体系的需要。改革开放以来,我国建设事业迅速发展,各项改革不断深化,不断完善。建设部从1994年开始研究建立建造师执业资格制度,对其必要性、可行性进行了充分的论证。尤其是这些年来,勘察设计行业、监理行业都有了相对规范的执业资格制度。而作为庞大的施工行业还没有建立一项由人事部和建设部共同推出的执业资格制度,这样对企业的管理、工程质量的管理等各方面管理的落实都是不利的。另外,《国务院关于取消第二批行政审批项目和改变一批行政审批项目管理方式的通知》(国发[2003]5号)规定:"取消建筑业企业项目经理资质核准,由注册建造师代替,并设立过渡期。"将建筑业企业项目经理的行政审批管理制度改为建造师执业资格制度是深化建设事业管理体制改革、完善建设工程领域执业资格体系的需要。

其次,是国际接轨的需要。建造师执业资格制度起源于英国,迄今已有170余年历史。目前,全球拥有建造师执业资格制度的国家约40个。世界上许多发达国家均建立起该项制度。我国已加入世贸组织,当前不仅要积极应对国外承包商进入我国,同时还要认真贯彻中央关于"走出去"的发展战略,把握机遇,积极组织开拓国际建筑市场。我国建筑业从业人数约占全世界建筑业从业人数25%,但对外工程承包额仅占国际建筑市场的1.3%。原因固然很多,但缺乏高素质的施工管理人员是重要原因。将以行政审批建筑业企业项目经理资格的形式改变为建立建造师执业资格制度,将有助于国际间互认、又有助于开拓国际建筑市场。建立建造师执业资格制度,将为我国开拓国际建筑市场、增强对外工程承包能力有所帮助。因此,建立建造师执业资格制度也是与国际接轨、开拓国际建筑市场的客观要求。

第三,是提高管理水平、保证工程质量的需要。《建设工程质量管理条例》第26条规定:"施工单位对建设工程的施工质量负责。施工单位应当建立质量负责制,确定工程的项目经理、技术负责人和施工管理负责人。"项目经理是施工企业所承包工程的主要负责人。他根据企业法定代表人的授权,对工程项目自开工准备至竣工验收实施全面组织管理。项目经理的素质、管理水平及其行为是否规范,对工程项目的质量、进度、安全生产具有重要作用。建立建造师执业资格制度后,一旦工程项目发生重大施工质量安全事故或出现违法违规行为,作为执业注册人员的建造师应承担相应的法律责任。目前,我国施工企业项目经理队伍的人员素质和管理水平参差不齐,专业理论水平和文化程度总体偏低。今后,企业聘任经考试并取得执业资格的建造师担任施工企业项目经理,有助于促进其素质和管理水平的提高,有利于保证工程项目的顺利实施。

(六)项目经理向建造师过渡,在制度管理上有哪些措施

首先我们要消除这样一种误解,建造师执业资格制度建立后,将取消项目经理。实际上实行建造师执业资格制度绝对不是取消项目经理,而是为了进一步提高项目经理队伍的整体素质和工程项目管理水平。并不是说今后企业不再设项目经理岗位了,也不是说企业的项目经理不重要,而是行政审批方式的一种改革。执业资格制度的建立是进一步加强了这个关键岗位、关键管理人员的重要性。这就类似于国家取消了工程总承包企业的资质,但是不等于以后不推行工程总承包,反而我们推进工程总承包的力度比以前还大。

根据国发[2003]5号文的精神,建设部制定并发布了《关于建筑企业项目经理资质管理制度向建造师执业资格制度过渡有关问题的通知》(建市[2003]86号),文件明确规定过渡期为5年。

过渡期内,原各级建筑业企业项目经理资质审批部门,不再办理新的项目经理资质审批。过渡期内,现有这些项目经理资质证书继续有效。过渡期满后,原项目经理资质证书停止使用。

为保证平稳过渡,过渡期内,凡需考核企业项目经理人数时,应将企业取得项目经理资质证书和取得注册建造师证书的人数合并计算。一级建造师对应一级项目经理,二级建造师对应二级项目经理。过渡期内,大中型工程项目的项目经理逐步由注册建造师

担任，人员的补充也由建造师执业资格渠道实现。

过渡期内，各级建设行政主管部门和国务院有关部门加强领导、协调和服务工作，各行业协会充分发挥职能作用，都是保证建筑业企业项目经理资质管理制度向建造师执业资格制度平稳过渡的重要条件。

（七）建造师的定位和职责是什么

建造师是以专业技术为依托、以工程项目管理为主业的注册人员，近期以施工管理为主。建造师是懂管理、懂技术、懂经济、懂法规，综合素质较高的复合型人员，既要有理论水平，也要有丰富的实践经验和较强的组织能力。

建造师受聘并受企业委派，可以建造师的名义担任建设工程项目施工的项目经理、从事其他施工活动的管理、从事法律、行政法规或国务院建设行政主管部门规定的其他业务。

在行使项目经理职责时，一级注册建造师可以担任《建筑业企业资质等级标准》中规定的所有级别建筑业企业资质的建设工程项目施工的项目经理；二级注册建造师可以担任二级建筑业企业资质的建设工程项目施工的项目经理。

大中型工程项目的项目经理必须逐步由取得建造师执业资格的人员担任，这是国家的强制性要求；但是否委派某一位注册建造师担任项目经理或担任哪一个项目的项目经理，则由建筑业企业自主决定，这是企业行为。

近期，注册建造师以建设工程项目施工的项目经理为主要岗位。但是，同时鼓励和提倡注册建造师"一师多岗"，从事国家规定的其他业务，例如担任质量监督工程师等。

（八）建造师为什么要分级管理

国际上，建造师有分级的，也有不分级的。我国把建造师分为一级建造师和二级建造师。一级建造师具有较高的标准、较高的素质和管理水平，有利于开展国际互认。同时，考虑到我国建设工程项目量大面广，工程项目的规模差异悬殊，各地经济、文化和社会发展水平有较大差异，以及不同工程项目管理人员的要求也不尽相同，设立二级建造师，可以适应施工管理的实际要求。二级建造师由各省审批、各省组织考试，为了保证二级建造师的基本质量，也减少各地组织考试命题的工作量，现在我们又在组织二级建造师的考试命题，以一种提供服务的形式，地方上自愿参加的方式，统一命题、统一阅卷标准，然后确立一个合格分数线，各地再参照这个合格分数线向社会公布。

（九）建造师为什么要划分专业

国际上，建造师有分专业的也有不分专业的。按照我国目前的情况，施工管理不分专业确实有一定的问题。但是也有业内人士提出来，管理不应该分专业，因为管理是一个综合性的东西，没有一个专门管理的专业。这种说法也有一定的道理。但我们是考虑到各方的情况，基本上不分专业的情况多半是在发达国家，特别是英联邦国家。这些国家虽然不分专业，在他们非常成熟的市场运作过程当中，也不会找一个不懂专业的或者说不是这个专业的建造师去担任这个项目的项目经理。

国外的执业资格有强制性的也有不是强制性的。而我们国家大部分的执业注册资格都是强制性的，尤其建设系统的执业注册资格全部是强制性的，现在人事部也推出了一些非强制性的执业注册资格，比如水平考试、社会认证等。如果强制性的东西不分专业的话，可能会有一些问题，还是有隔行如隔山的情况，因为不同类型、不同性质的工程项目有各自的专业性和技术性，所以我们要分专业。

由建造师担任大、中型工程的项目经理是国家强制性的一种要求，其实它只是一种基本条件上的强制性要求，能否担任此项重任还是要企业来定。项目经理能不能揽上工程是由业主说了算。不管所在的企业规模有多大，业主都看项目经理。即使企业的牌子再大、实力再强，而项目经理没有经验、没有能力的话，自然很难揽上工程。所以在计划经济向市场经济过渡的过程中，政府的一些强制性的东西还是要有。但是我们现在又有了市场的一些雏形，企业有自己的自主权，业主也有自己的自主权。

（十）中国的建造师制度与国外建造师制度有何异同

相同的是主要从事业务的对象、基本的知识结构等方面，都有一些共性的特点。不同的是，我国是强制性的，而国外是市场认可的。我们国家为什么要搞强制性的标准呢？不搞的话，国家担心会出现问题，我们是保证基本的或者说最低的门槛。这就是目前我们国家管理处在一个比较难的困境。在行业当中难免产生不同的意见，如果大家有想法、有意见可以随时和我们沟通，也为我们在决策的时候多一些参考意见，更完善一些。

（十一）两年来建造师执业资格制度有关工作开展情况

关于全国一级建造师的数量。通过考核认定取得一级建造师的有2万人，通过考试取得建造师资格的约14万人。而全国原有一级项目经理约13万人。预计通过今年和明年的两次考试，一级建造师的数量将达到25万人以上，大大超过原有一级项目经理13万人。因此，一级建造师从项目经理向建造师制度可望实现平稳有序过渡。二级建造师尚有一定缺口，需要继续发展。

总体上来看，作为发展中国家的中国，各种人才在数量和质量上都有缺口，建造师也不例外。因此，我们在做好建造师平稳有序过渡工作的同时，也要积极慎重研究可能出现的问题。

解读建造师执业资格考试大纲

◆ 缪长江

一、大纲的类型

一级建造师执业资格考试是政府组织的考试,是国家级考试。《一级建造师执业资格考试大纲》是纲目式的大纲。它分章、节、目、条,通过目录来确定内容。章、节、目、条是一种包涵关系,上一级包涵下一级。"目"是知识包,"条"是知识点。对"目"的要求是掌握、熟悉、了解三个层次和顺序进行编排。这种大纲的特点是比较具体,便于应考人员复习,较适合于考试的起步阶段。

二、大纲的结构

建造师分为一级建造师和二级建造师,英文分别译为:Constructor和Associate Constructor。因此,建造师的大纲也分为一级大纲和二级大纲。

1.考试科目与时间

一级建造师执业资格考试为"3+1"的科目设置,"综合知识与能力"考3科,即"建设工程经济"考2小时、"建设工程项目管理"3小时、"建设工程法规及相关知识"考3小时;"专业知识与能力"考试为1科,即"××工程管理与实务"考4小时。其中,"××工程管理与实务"包括"××工程技术"、"××工程项目管理实务"、"××工程法规及相关知识"。二级建造师执业资格考试为"2+1"的科目设置,"综合知识与能力"考2科,即"建设工程施工管理"2小时、"建设工程法规及相关知识"考2小时;"专业知识与能力"考试为1科,即"专业工程管理与实务"考3小时。

2.大纲的能力要求与知识结构

一级建造师考试大纲每科的知识点都控制在200条左右,对整个科目的知识点按"掌握"70%、"熟悉"20%、"了解"10%的比例设置。二级建造师考试大纲每科的知识点都控制在100条左右。

3.大纲的编码

《一级建造师执业资格考试大纲》对专业、级别以及章、节、目、条用编码的形式表示,编码长度为8位。具体说明如下:

● 第一位为级别代码,用"1"或"2"表示,"1"表示一级,"2"表示二级

● 第二位为专业代码,用字母表示,分别为:

房屋建筑工程 ……………… A
矿山工程 …………………… H
公路工程 …………………… B
冶炼工程 …………………… I
铁路工程 …………………… C
石油化工工程 ……………… J
民航机场工程 ……………… D
市政公用工程 ……………… K
港口与航道工程 …………… E
通信与广电工程 …………… L
水利水电工程 ……………… F
机电安装工程 ……………… M
电力工程 …………………… G
装饰装修工程 ……………… N
综合 ………………………… Z

● 第三、四位为章,分别用"10、20、30、41、42、43"表示。

"10"——《建设工程经济》;
"20"——《建设工程项目管理》;

"30"——《建设工程法规及相关知识》；

"41"——××工程技术；

"42"——××工程项目管理实务；

"43"——××工程法规及相关知识。

● 第五位为节代码，用"1~9"表示。

● 第六、七位为目代码，用"01~99"表示。

● 第八位为条代码，用"1~9"表示。

大纲编码系统的建立是大纲编写中引入的一项新技术，为大纲的管理、修订、知识点的检索等提供了方便。

三、大纲的定位

大纲的定位与人事部、建设部联合发布的《建造师执业资格制度暂行规定》（人发〔2002〕111号）对建造师的定位要求及目前的工作重点相结合，即：建造师是以专业技术为依托、以工程项目管理为主的执业注册人员，近期以施工管理为主。建造师是懂管理、懂技术、懂经济、懂法规，综合素质较高的复合型人员，既要有理论水平，也要有丰富的实践经验和较强的组织能力。因此，一级建造师执业资格考试大纲的定位是：

1. 近期要以施工管理为主，兼顾工程总承包。

2. 在水平上要求与发达国家建造师大纲的水平大体相当。

3. 要求应试者具有一定的学历基础和一定的从业年限。考虑到实际情况，一级建造师考试要求应试者最低具有大专学历。

二级建造师考试要求应试者最低具有中专学历。

四、大纲编写的指导原则

2003年2月24日由建设部发布的《建造师执业资格专业考试大纲编制工作座谈会纪要》（建市监函〔2003〕4号）对大纲的编写原则提出了总要求："建造师考试大纲的编制要重点体现'五个特性'，坚持'六个结合'。即体现'综合性、实践性、通用性、国际性和前瞻性'；坚持'与建造师的定位相结合，与高校专业学科设置相结合，与现行工程建设标准相结合，与现行法律法规相结合，与国际通用做法相结合和目前项目经理资质管理向建造师执业资格制度平稳过渡相结合'。

综合性：涵盖房屋建筑工程、土木工程、工艺性工业工程。

实践性：解决、处理现场实际问题的能力。

国际性：借鉴国外先进经验、做法，符合WTO规则的有关原则。

通用性：以工程管理学科为主，涵盖其他专业学科。

前瞻性：拓宽建造师执业范围，充分考虑将来与国际建造师互认。"

五、大纲的知识体系设计

大纲的知识体系设计是整个大纲编写工作中重要的环节。建造师考试大纲的知识体系设计充分考虑了建造师的定位要求，考虑了建造师的执业责任与目标。目前，要求建造师要在施工阶段对工程建设的质量、安全、成本、进度等负责，同时在合法的前提下为企业追求合法的利润，要具有这样的能力就要具备相应的知识。

1. 科目设置

一级建造师设4科，包括："建设工程经济"、"建设工程项目管理"、"建设工程法规及相关知识"、"××工程管理与实务"。其中，"××工程管理与实务"包括"××工程技术"、"××工程项目管理实务"、"××工程法规及相关知识"。"建设工程项目管理"和"××工程管理与实务"是建造师考试的重点，将"建设工程经济"和"建设工程法规及相关知识"单独作为2科来考是为了适应市场经济的要求而设的。建造师不仅要满足管理部门和甲方对质量、安全、成本和进度的要求，作为市场中的主体还应满足追求合法利润的要求，正是基于这样的考虑设置了"建设工程经济"这一科目。市场经济就是法制经济，它对建造师在遵守和运用法律法规的能力方面提出了较高的要求，为此设置了"建设工程法规及相关知识"这一科目。二级建造师设3科，包括："建设工程施工管理"、"建设工程法规及相关知识"、"××工程管理与实务"。

2. 知识点的设置比例

在知识点的设置比例方面需要重点说明的是，关于专业大纲中"掌握"部分的比例分配问题。在这里提出了"强化管理弱化技术"的思想，要求专业技术在应掌握的知识点中占25%左右，管理部分占60%左右，法律法规及标准规范占15%左右。

3. 综合大纲与专业大纲之间的关系

综合大纲与专业大纲之间既有区别又有联系。区别表现在，综合大纲重在对通用性的概念、原理、方法的要求，专业大纲重在对专业知识的要求，特别是重在对知识应用能力和解决实际问题能力的要求。联系表现在，专业大纲的"实务部分"是对综合大纲知识和专业大纲知识的的应用要求。综合大纲和专业大纲之间知识点的设置不重复，共性的一律纳入了综合大纲,不能避免的重复在表述上有所区别,重复量控制在5%以内。

六、知识点设定的总要求

"知识点"是大纲知识体系有机的重要组成部分,之所以把它单独拿出是因为"知识点"在建造师考试中直接影响到考试的效度和难度。对知识点的设定主要考虑了三条原则。

1. 知识点的设定是否科学

大纲对知识点的选择考虑了它的实用性、通用性、先进性和前瞻性。这将决定大纲的难度和水平,决定大纲是否实用,决定大纲与建造师执业目标和执业责任的相关性。脱离了"实用性"和"通用性"的要求就容易造成"能考的不能干,能干的考不了"的不利局面。因为执业资格考试不同于学历考试,它是重实践和能力的考试,每个知识点都要有其效用和目的。"先进性"是知识点确定中着力把握的重点也是难点之一,因为它关系到考试的水平和难度的问题,涉及到大纲的指导作用和前瞻性的问题。知识点的选择是建立在应试者具有大专以上专业学历和一定从业年限的基础上的,知识点的选择有一定的高度,不是面面俱到,也不是从零开始。科学准确地把握知识点的实用性、通用性、先进性和前瞻性是大纲编写过程中的难点,也是以后大纲修订中需注意的重点。

2. 对知识点的概括要求科学、准确

知识点的概括要求科学、准确,不宜太过宽泛,也不能成为"知识面"。

3. 大纲对知识点的要求要合理

对知识点的要求体现在大纲的"目"上,要求为"掌握、熟悉、了解"。掌握、熟悉、了解是对知识掌握程度和深度的不同要求。确定知识点的掌握、熟悉、了解有三个原则。第一、相关性原则。与建造师执业目标和责任紧密相关的知识点要确定为"掌握",次相关的确定为"熟悉",再次的确定为"了解"。这也是大纲对知识点按"掌握、熟悉、了解"的顺序进行排序,而没有按知识点之间的逻辑推演关系,没有按先易后难的顺序排序的原因。第二、不同层次要求的原则。有的知识点对具体的施工技术员来说应是"掌握",但如果这样的知识点对建造师来说"熟悉"就可以的话,这样的知识点原则上就要确定为"熟悉",至少在目前需要这样处理。第三、总量控制原则。在建造师考试起步阶段为了便于出题和复习,对知识点的总体要求进行总量控制。总体上要求约70%的知识点定为"掌握",约20%定为"熟悉",约10%定为"了解"。对知识点的掌握、熟悉、了解的要求不是一成不变的,随着建造师制度的实施和不断完善,随着建造师执业目标的不断深化,大纲的知识点将不断更新和补充,对知识点的要求也随之而变。

七、关于解决实际问题能力的要求

对建造师解决实际问题能力的要求紧扣建造师执业责任和执业目标的要求,在项目管理实务部分从质量控制、安全控制、成本控制、进度控制、现场管理,遵守和运用法律等方面进行了要求,这是建造师能力考试的重点。

八、大纲编委的人员组成

大纲编委会由4个方面的专家组成:院校的知名专家教授、从事工程建设管理方面的专家、施工技术方面的总工及经验丰富有突出业绩和较高理论水平的一级项目经理。从人员组成上保证了大纲编写的科学性。

九、大纲的编审过程

为了保证大纲的质量,在报人事部审定之前大纲经过了协调、行业初审、向企业征求意见、建设部组织专家内审等四个过程,在过程和程序上控制了大纲的编写质量。

"协调"是在大纲初稿完稿之后初审之前的一个过程,主要是协调综合大纲与专业大纲之间知识点的设置问题,解决综合大纲与专业大纲之间的重复问题。

"行业初审"是大纲完稿之后第一次有组织的审查,由各部门、各行业请行业的有关管理者、专家、项目经理对大纲进行审查。

"向企业征求意见"是大纲经过部门或行业初审后,向企业在职的一级项目经理征求意见,主要是就大纲的实用性和大纲的难度征求意见。

"建设部组织专家内审"是在报人事部审定之前最后一道审查程序。为了保证大纲的编写质量,在送人事部审定之前建设部组织大纲编委之外的有关专家对大纲的科学性和可行性进一步进行审查,审查综合大纲与专业大纲之间的系统性、专业大纲与专业大纲之间的均衡性等。在大纲的"协调"阶段和"建设部组织专家内审"阶段,人事部考试中心的有关领导、专家进行了指导,建设部组织专家内审之后报人事部组织专家进行审定,经人事部审定后的大纲向社会公布。

我国建造师执业资格考试制度的完善与发展

◆ 江慧成

一、引言

提高考试质量是所有考试都应追求的目标,建造师执业资格考试也不例外。我国建造师执业资格考试制度的完善与发展始终都应围绕考试质量的不断提高而进行不懈努力。有关部门、有关行业协会、有关国资委管理的企业,有关专家、教授为我国建造师执业资格考试制度的建立、完善和发展付出了艰苦的努力,并做出了积极的贡献。但是我国建造师执业资格考试制度刚刚建立,考试质量有待进一步提高。因此十分有必要分析现状、剖析问题并研究对策,为考试质量的进一步提高,为我国建造师执业资格考试制度的完善和发展献计献策。

自2004年首次建造师执业资格考试以来,有关部门共组织了4次命题,3次考试。其中,2004年和2005年度全国分别有25.5万人和30.7万人参加了一级考试,2005年度全国有35万人参加了二级考试,2006年度二级考试的命题工作已结束,并即将于9月份开考。参加建造师执业资格考试的人数之多、规模之大,在全国各种执业资格考试中是不多见的。通过建造师执业资格考试而取得执业资格证书的人员,都有可能在工程建设领域持证上岗,尤其可能以注册建造师的名义在工程总承包、施工总包或施工承包的项目经理岗位上进行执业,这些岗位在工程建设中具有举足轻重的作用。由此可见,提高建造师执业资格考试的质量具有十分重要的现实意义和深远的指导意义。

二、现状分析

要掌握现状,就有必要对需求现状、考生现状和考试现状进行比较深入和具体的分析。

1.需求现状

我国目前共有施工企业10多万家,从业人员4000多万人,具有建筑施工企业项目经理资质证书的人员100多万,其中具有一级项目经理资质证书的有13万多人。《关于建筑业企业项目经理资质管理制度向建造师执业资格制度过渡有关问题的通知》(建市〔2003〕86号)规定了建筑业企业项目经理资质管理制度向建造师执业资格制度过渡的期限及有关要求,并明确:"过渡期满后,大、中型工程项目施工的项目经理必须由取得建造师注册证书的人员担任;但取得建造师注册证书的人员是否担任工程项目施工的项目经理,由企业自主决定。"

具有建筑施工企业项目经理资质证书的人员在相当长的时期内还将是我国施工项目管理的主要力量,当然过渡期满后需要取得建造师注册证书方能执业。为了满足工程建设和企业资质管理的实际需要,2008年过渡期满后全国一级注册建造师的保有量应在13万人以上。

2.考生现状

工程建设的实际需要、建筑业企业资质管理的需要以及从业人员素质提高和业务拓展的需要决定了建造师执业资格考试报考规模大的特点,但是仅仅规模大还不足以对命题质量和考试质量造成大的影响。考生的来源、考生的年龄结构、考生的学历情况以及考生的知识结构都是影响命题和考试质量的重要因素。

(1)考生的来源情况

由于建造师的定位是"一师多岗"而非"一师一岗",所以建造师执业资格考试吸引了"业内外"的广大考生积极应考。又由于建造师的定位是以"建设工程项目总承包、施工管理的专业技术"岗位为主,并限定"过渡期满后,大、中型工程项目施工的项目经理必须由取得建造师注册证书的人员担任",这就呈现出"业内"为主,"业外"为次的特点。所谓"业内"企业是指施工企业和设计企业,所谓"业外"企业是指监理、咨询等企业。根据对2004年和2005年度全国一级建造师执业资格考试应考人员的统计分析,属于"业内"企业的考试人员都在85%以上,属于"业外"企业的考试人员分别都在15%以内。在"业内"人士中又呈现出一线从事施工管理为主,工程设计和其他管理为次的特点,而施工管理人员中具有施工项目经理资质证书的人员又占相当的比例,考试的前几年(过渡期内)尤其如此。这样的来源主体,基本符合工程实际需要,也与我们设立建造师执业资格考试制度的目标大体相吻合。当然,在整个考试群体中所谓的"考试一族",即"考证一族"也是存在的。

(2)考生的年龄结构

考生的年龄结构大体上可以体现考生从业年限、考生的知识结构等情况。这些因素关系到考试质量，关系到试题难易的掌握问题。因为从业年限是报考的必要条件，具有规定的实践年限又通过资格考试才能保证考试的质量和执业水平，个别地方的考生中有22岁的，更有20岁的。这样的考生如何满足报考条件，又怎能保证考试质量呢？受教育大背景的影响，同一个年龄段的应考人员所受的教育以及知识结构具有很大的相似性。这个特点是命题工作中应该考虑的实际情况。

根据对2004、2005年度考生年龄的抽样统计来看，具有如下特点：

尽管这样的分类不尽科学，但由此我们也可以看出年富力强的是考试人员的主体。25岁以下不满足实践年限的考试人员应当引起考试受理部门的注意；45岁以上考试人员的情况也应引起我们的重视，45岁以上的考试群体绝大部分应是具有施工项目经理资质证书的人员或实际从事施工管理的有关人员。

（3）考生的学历情况

建筑业企业的施工管理人员具有学历总体偏低、专业教育背景复杂、后学历教育普遍的特点。年龄较大的具有经验相对丰富、学历较低的特点；年龄较小的具有经验相对较少、学历较高的特点。大纲是相对稳定的，试题却是灵活的。试题既要依据大纲，又应考虑实际情况。

3.考试现状

2004年、2005年度全国一级建造师执业资格考试的总体通过率分别是29.8%和26.77%，两次考试都实现了百分制60分合格的目标。从统计分析来看，2004年度14个专业报考4科的合格率约是27%，考2科（符合免试部分科目）的合格率约是48%。目前全国具有一级建造师执业资格证书（认定、考试取得）的人员共有16400多人。

三、问题剖析

从考试目标以及实际情况来看，几次的考试基本上都是成功的，尚未发现什么大的问题。但是从质量控制和质量提高的角度来看，仍然存在一些矛盾和问题制约着考试质量。因此，有必要对存在主要矛盾和主要问题进行较为深入的分析和讨论，以便找出解决矛盾和问题的对策。

1.供需矛盾分析

全国具有一级项目经理资质证书的人员共有13万多人。在建造师执业资格制度建立的初期，人们预计建造师的需求矛盾会非常突出。随着建造师执业资格考核认定工作的完成和两次考试的顺利结束，从建筑业企业项目经理资质管理制度向建造师执业资格制度过渡期的供需矛盾已得到了大大缓解。2006年、2007年度的两次考试应该可以基本解决供需矛盾，而且还应该略有富裕。预计到过渡期满全国取证的总人数将在25万人左右。这些取证的人员中有考核认定取证的，有免考部分科目通过考试取证的，也有通过考4科取证的，他们的主体是在一线从事施工管理及相关工作的，到过渡期满原持有一级项目经理资质证书的一线从业人员的大多数或通过考核认定或通过考试取得了执业资格证书。在预计的25万持证人员中，即便按60%可以上岗的保守估计，仍有15万左右的上岗人选，其余10万经过实践的进一步锻炼，按50%可以上岗来估计，仍有5万左右的后备人选。所以供需矛盾应该不是主要矛盾了。从对有关行业、有关大型企业的调查来看，能够执业的供需矛盾已经大大缓解，进一步提高考试质量的呼声日渐提高。

2.从业年限与学历教育的矛盾分析

从业年限与学历教育本身是没有矛盾的。但针对我们的从业人员，从命题的角度来看，从业年限与学历教育之间存在一定的矛盾，这个矛盾对命题工作也造成了一定的影响。

如前所述，建筑业企业的施工管理人员教育背景、学历现状比较复杂，如何让年龄偏大具有比较丰富时间经验的从业人员，补充一定的知识通过考试获取执业资格，通过加强案例分析及解决实际问题能力的检查让年龄小实践经验相对较少的从业人员经过加强实践和学习来通过考试，这是目前命题工作中面临的重要矛盾。

3.专业设置分析

专业设置对命题质量乃至考试质量都有一定的影响，具体到某个专业影响可能会很大，比如市政公用工程专业。市政公用工程从产品的使用特性来看，生产的产品应该是市政建设中的"公用"产品，比如：城市道路、城市轨道、地铁、城市污水处理、垃圾处理、城市燃气、城市照明等方面的建筑产品。这些产品从其生产过程来看具有很大的差别，不具有同一专业的属性。这样的专业设置对大纲编写、考试命题都有很大的影响，大大降低考试的效度、信度和区分度，而同时又大大增加了考生应考的难度。这样的测量标准和测量结果很难满足测量目标的要求。所以说专业设置是否科学，是否合理也关系到命题质量乃至考试质量。当然，专业设置的科

年度	25岁以下应考人员所占的百分比（近似值）	25~35岁应考人员所占的百分比（近似值）	35~45岁应考人员所占的百分比（近似值）	45~55岁应考人员所占的百分比（近似值）	55~65岁应考人员所占的百分比（近似值）	65~70岁应考人员所占的百分比（近似值）
2004年度	0.02	38.4	53.88	5.72	1.95	0.19
2005年度	0.02	33.04	54.03	5.79	2.11	0.02

注：表中所列百分比为概数。

学性、合理性是专业设置的主要依据,但是它仍然受到管理体制和平稳过渡等因素的影响。关于专业设置的问题不是本文的重点,这里不去展开讨论。

4.大纲存在的问题

大纲是命题的依据,大纲中存在的问题会直接对命题工作造成影响。建造师执业资格考试大纲经过了"编写"、"专业之间协调"、"行业初审"、"向企业征求意见"、"建设部组织专家内审"以及人事部组织专家"审定"六个环节控制,每个环节都有明确的目标、畅通的反馈机制以及有效的控制手段,从运行两年的考试检验来看考试大纲是基本可行的。但是从便于命题和有利于考试的角度来看,大纲仍有一些需要完善和进一步提高的地方。

(1)系统性和有机性方面

系统性和有机性方面存在的问题主要是专业大纲与综合大纲尚未形成一个有机体,一方面专业科目与综合科目之间存在知识点的重复问题,另一方面综合科目与专业科目之间又存在知识点表述不到位的问题。

(2)知识结构方面

知识结构方面突出表现在建设工程经济方面。这个科目的知识结构略显单薄,作为一个科目略显不足。

(3)知识点的设置方面

在知识点设置方面,知识点的大小很不均衡。有的知识点展开好几层都不够,有的知识点仅有一层,甚至几十个字都展不开。当然知识点有大有小,不可能千篇一律。但是每个知识点都应具有相对独立、相对完整的功能和较强的实用价值,并具有测量的可操作性。这样的知识点在考试中才具有更强的可操作性。比如掌握什么什么的概念,掌握什么什么的目的,掌握什么什么的意义等我们认为可能很重要,但是在考试实践中,这样的知识点不具可操作性,大多数可以隐含在其它知识点中,其独立性、完整性和实用性都比较差。因此用这样的知识点独立命题时效度往往比较差,这样的知识点降低了整个大纲的知识容量,有的知识点几次考试可能都难以命出满意的题目。不可测量或难以测量的知识点基本上是无效的知识点,我们的大纲应该尽力避免无效的知识点。

(4)文字加工方面

大纲的某些知识点在文字表述方面不精练,有的将具有很强包含和被包含关系的内容分成了若干个"知识点",使得每个知识点都不具有相对独立和相对完整的功能,每个独立的知识点都不具有较强的实用性,进而使得每个知识点不具有独立命题的价值,这样的知识点在形式上表现为不精练,在实质上表现为划分不科学。当然包含与被包含的知识点不是绝对不容许,但是这样的知识点势必会降低大纲的可操作性,降低大纲的整体效能。

(5)一、二级的区分方面

一、二级大纲和一、二级考试应紧扣一、二级建造师的执业定位,尤其是在大纲和考试命题方面。一、二级建造师之间既要有联系,更应有较为明显的区别。在这方面,应该进行不断改进和不断完善。

5.命题工作中存在的问题

在命题环节中主要存在3个方面的问题。

(1)准备不充分

准备不充分主要体现在命题素材的准备方面。不管是单选题、多选题,还是案例题,每道题都应有其测试效用和测试目的。如果没有充足的素材供选择,就难以保证命题的数量和命题的质量。从几次命题的实践来看,这个问题是实际存在的。

(2)没有严格按照命题规程的要求去做

个别专业在命题过程中没有严格按照命题规程的要求去做,有关环节把关不严,终校时甚至出现换题的现象。尽管只是个别,但也反映出命题工作中存在的漏洞。

(3)试题质量问题

试题的质量方面主要体现在个别试题难以体现大纲对应试者知识或能力的有关要求。在单选、多选题方面体现在灵活性、实用性和干扰性较差,在案例方面主要体现在案例结构简单,问题与背静相关性差等方面的问题。个别案例甚至与背静的相关性很差,实际上变成了与背景无关的简答题。这样的题实际上根本不能成为案例,它的测试效果也就可想而知了。

6.试评卷中应该注意的问题

试评卷的目的有三:一、完善标准答案,二、分析得分情况,三、适度控制通过率。从科学、客观的角度来看,试评卷的目应该以完善标准答案为主,分析得分情况为辅。如果需要通过试评卷控制通过率,也应慎重改变采分点的权重。对原来权重比的否定,也意味着对原来标准答案的否定,随意改变采分点的权重,势必会影响考试的效度、信度和区分度。不能因为通过率的控制需要而将重要的变成次要的,同样也不能将次要的变成重要的。

7.正式评卷中应该注意的问题

正式评卷中应该注意的主要问题是对评卷人员的培训、指导和监督。只有这样才能保证评卷的质量,从而保证考试的质量。

8.考试用书的问题

国家规定建造师实行的是"考培分离",不指定考试用书的政策。尽管国家不指定考试用书,实际上从便于复习、便于学习的角度来看,不少考生还是需要考试方面的学习资料的。从目前市场上公开发行的"考试用书"来看,普遍存在着有机性较差的特点。它一方面体现在综合科目对有关知识点解释不到位难以满足案例学习和应用的需要,另一方面又体现在专业科目对综合科目有关知识点的交叉重复,这样的重复就难以保证整套书对同一个知识点解释的一致性。

四、对策研究

提高考试质量是考试制度建设的核心,考试大纲、命题、试评卷及正式评卷是直接关系考试质量的最重要因素,命题质量又是关系考试质量最直接的因素。因此需要结合实际情况,针对考试实践中发现的问题,围绕大纲修订、命题、试评卷和正式评卷研究解决问题的对策,以便进一步提高考试质量。

1.专业设置研究

正如前面所说的专业设置关系到大纲编写,更关系到考试质量。我国建造师的专业设置尽管是以专业特点为主要依据,但同时还考虑了管理体制和企业资质管理需要等方面的因素。为了使专业设置更科学、更合理,建设部已专门就建筑产品分类、专业划分等方面的问题立题进行研究,为专业划分提供更加科学、更加充分的依据。但是为了保证建造师制度的平稳发展,专业设置、专业调整的变化应当遵循循序渐进的原则,在专业设置发生变化时更要研究专业变化的衔接问题。

2.大纲修订

建造师执业资格考试大纲从总体上来说是科学的可行的。但从宏观上还应该从专业科目与综合科目的系统性和有机性方面进行完善,在微观上要在保证每个知识点的科学性、正确性、实用性和可行性方面进行改进,从而进一步促进命题质量的提高。

3.命题模式改革

在考试制度完善和发展的过程中,大纲应该保持相对的稳定性,在大纲不变的情况下只要不超纲,为了提高命题质量,对命题方式、题型和题量等进行适当的改革是必要的也是应该的。但同时也应注意,不能寄希望于靠某种题型可以提高命题的质量。因为试题大体上分为是非题、单选题、多选题、简答题和案例题等。同样的大纲同样的题型,不同人命出的试题质量可能就不一样。比如,将20个红球,30个绿球和50个黄球装入若干个袋中。要求每个袋中红球与红球的数量相等,绿球与绿球的数量相等,黄球与黄球的数量相等,问这些球最多可以分装到几个袋中,每个袋如何装。对于这个题可能有些人需要略加思索。但是如果要问20、30、50的最大公约数是多少,人们会毫不犹豫的说出是10。因为,这是小学5年级就学过的最大公约数的知识。同样,如果问一个40×30厘米的长方形木版最少可以完全分割成多少个边长相等的正方形。这个问题仍然是最大公约数原理的应用。同样是考最大公约数的方法或原理,这3个题的水平和效果是一目了然的。如果就理论考理论,就知识考知识就很难考出应试者解决实际问题的能力,因为试题与实际的相关性很差或者根本与实际不相关。这也是一些试题效度差的重要原因。

既要重视命题模式的改革,更应重视试题来源和试题加工的问题。好的试题应该来源于实践又高于实践。

4.管理措施完善

管理措施完善主要是指加强命题、试评卷和正式评卷过程中不同阶段的监督管理,加强过程控制保证命题质量,使管理措施标准化、规范化。完善命题规程、试评卷规程,并通过每年选择高质量的试题和质量较差的试题动态完善命题技术手册。由此作为命题质量不断提高的参照和依据,这样的命题技术手册不光有技术指导的作用,更有示范和警示的作用。规范的管理,有效的指导和示范对提高命题质量和命题效率具有重要的作用。

5.专家队伍建设

专家队伍的建设关系到大纲的质量、命题的质量,总之关系到考试的质量。专家队伍的组成既要有权威性也要有代表性,既要有理论专家也要有实践专家,更要有理论实践相结合的专家。专家队伍的建设是建造师考试制度建设的基础,科学合理的结构对提高考试质量具有重要的意义。

6.追踪分析

对考试群体进行追踪分析是准确判断测量效果的有效手段。例如不同年龄结构的考试群体,不同学历背景的考试群体,不同岗位的考试群体等。通过一定时期的追踪调查,分析他们的分数与实际能力的相关性,反馈他们对提高考试质量的意见和建议。通过这样的手段来检验我们对考试数据进行数理统计方面的分析效果,达到相互印证的目的。从而为考试改革提供准确而详实的基本材料。

五、结束语

在建造师执业资格考试制度完善和发展过程中,目前正处在一个承前启后、继往开来的阶段。总结经验固然重要,寻找差距、发现问题并提出对策更为可贵。我国建造师执业资格考试制度刚刚建立,许多方面有待提高、完善和发展。本文谈的问题稍多了些,但不会因为提出了一些问题而对建造师考试制度的完善有所贬损,正如瑕不能掩瑜一样。反而会因为我们积极主动地发现问题、研究解决问题并解决问题而促进建造师考试制度的进一步完善。本文正是力图从不同层面、不同角度分析和探究影响考试质量的主要因素,进而研究解决问题的方法和对策。尽管本文分析的问题不一定到位,提出的措施原则性强了些,但是我们只有找准了问题,并研究出了切实可行的解决办法之后,考试质量才可能会有突破性的提高,我们才能在执业资格考试中闯出一条新路。

关于建造师专业划分和考试制度的改革建议

◆ 孙继德

(同济大学工程管理研究所，上海 200437)

摘 要：根据中国建造师制度实施过程中的经验和体会，参照联合国统计署和国际有关组织对产业和产品统计的划分标准，提出对建造师专业划分和考试制度改革的建议。

关键词：建造师；考试制度

中国建造师制度从2002年底正式启动，至今已历时近4年。目前，建造师制度的基本框架已经确定，并已经组织了两次一级建造师考试，一次二级建造师考试。根据过去工作的体会，提出以下想法，供决策参考。

一、制度现状

目前我国建造师设置二个级别，划分为多个专业，其中一级建造师分为14个专业，二级建造师分为10个专业。如此划分，有一定的合理性，也有其历史缘由，但同时也带来了一些问题，主要有以下几个方面。

一是多个专业之间的考试内容有重复或交叉，也有的专业考试范围太宽。主要是在专业实务科目的考试中，许多专业的技术知识有重复，也有的专业技术知识范围太深太广，超出了一般的技术人员所能掌握的程度和范围，更不用说作为管理岗位的项目经理了。如许多工业生产性项目中的工艺性的知识，要求从事该专业工程管理的所有人员都掌握是没有必要的。另外，在专业划分时，许多行业强调自己的专业特殊性，而实际上，许多专业管理实务的内容没有专业特色，与其他专业基本相似。考试内容的偏颇与建造师的定位有脱节不利于建造师制度的发展。

二是参与考试相关工作的人员多，组织工作量大，需要投入较多的时间，以及较多的财力和物力。从考试大纲的制订、指导书的编写、考试命题的组织、考试的组织到考后阅卷等各个环节都要投入很多。按照现在的专业划分，仅考试命题专家的数量，一级建造师就超过100人，二级建造师超过70人。如果将专业数量减少到3个，考试命题专家的人数将减少50%以上。

三是专业划分过细，人为地设置了行业门槛，不利于我国建筑业的发展，也不符合世界经济发展的潮流。这个问题由来已久，已经引起广大业内人士的广泛关注和部分领导的高度重视，有些领域已经开始改革并试图打破这种限制。但由于涉及部门利益，受许多人为因素的干扰，要从根本上解决难度很大。在建造师的专业划分上，应该采取措施努力推动打破行业限制的改革，而不是再增加一道门槛和阻力。

因此，有必要对我国建造师的专业划分和考试制度进行深入思考，进行改进和优化的探讨。

二、专业划分改革的探讨

联合国统计署 (United Nations Statistics Division)对世界经济与产业的分类主要有两套标准，一个是产业分类国际标准(International Standard Industrial Classification，以下简称ISIC)，二是核心产品分类标准 (Central Product Classification，以下简称CPC)。

1. 产业分类国际标准(ISIC标准)

ISIC标准最新版(2005年12月31日第4版)中将建筑业划分为三类，包括房屋建筑、土木工程(包括公路、公用事业和其他土木工程)和特殊建筑活动(包括爆破和场地准备，电力、管道和其他建筑安装，装饰等)，而矿业开采、化工和其他产品制造则列入另外的产业分类目录，未列入建筑业。显然，这是把工业制造项目中的工艺流程方面的技术列入制造业，而涉及这些工业项目的建设安装活动才列入建筑业。在该标准的上一个版本(第3版) 中，将建筑业划分为五个部分，包括：场地准备、土建施工(包括房屋建筑和土木工程)、机电设备安装、装饰和建筑设备租赁等，其实也与此原则类似。

2. 核心产品分类标准（CPC标准）

CPC标准首先将建设工程施工和建筑产品分开。建设工程施工分为8个类别，包括：

* 施工现场准备
* 房屋建筑施工
* 土木工程施工
* 结构安装
* 专业工程施工
* 设备安装
* 建筑装饰
* 机械设备的租赁，等

建筑产品包括房屋建筑（分居住建筑和非居住建筑）和土木工程。土木工程产品包括：

* 高速公路（不含高架路）、城市街道、马路、铁路、机场跑道；
* 桥梁、高架路、隧道、地铁；
* 水利工程、港口、大坝；
* 长距离管线、通信和电力电缆；
* 短距离的管线、电缆、附属工程；
* 采矿和制造业的建设工程；
* 体育和休闲设施建设工程；
* 其他。

同样，在CPC标准中，将建设工程施工中的土木工程施工也按照上述产品分类的几个类型进行了划分。

3. 建造师专业划分建议

根据联合国统计署以及国际上其他组织和机构对建筑业和建筑产品等的分类标准，从长远来看，我国建造师的专业划分可以考虑与国际接轨，分阶段改革，逐步过渡，最终改革方向是划分为三大专业：

* 房屋建筑工程；
* 土木工程；
* 机电安装工程。

房屋建筑工程包括各类房屋建筑，如住宅、商业建筑、宾馆酒店、办公楼、电影院、学校、医院等。土木工程包括公路、铁路、港口、水利、电力、矿山、市政等行业和专业的土建工程，而机电安装工程则包括电力、冶炼、石化、通信、铁路等行业和专业的安装工程。

按照这种划分方法，有利于建筑业的改革和发展，有利于与国际接轨，有利于建造师制度的健康稳定发展。

三、考试制度的改革探讨

目前的建造师考试制度，一级建造师包括四个科目，即经济、管理、法规和实务，其中实务科目包括技术知识、管理实务和法规实务。鉴于各个科目之间的内容和范围不均衡、某些专业的技术知识重复或薄弱（或太宽广）、管理实务和法规实务没有特色等实际情况，针对今后专业划分为三个大专业的目标，建议考试分为五个科目的考试，包括：经济、管理、法规、技术和实务。其中经济、管理和法规三个科目与目前相同，而技术科目和实务科目则按照房屋建筑工程、土木工程和机电安装工程三个专业建立考试大纲和试题。技术科目主要考核基本的技术基础、通用的技术知识和方法。实务科目仍然考核前面几个科目的综合应用，全部采用案例题考试。

四、市场准入

某些行业的建设工程项目具有明显的专业特色，而且往往规模大、投资多、系统复杂，针对这一具体情况，为保证建设工程质量和安全，在市场准入方面适当采取一些措施，限制那些不具备资格和能力的单位和个人承接某类工程，在一定的时间内也是必要的。如果建造师的专业划分按照上述办法改革，也可以在一定阶段内采取一定的市场准入控制办法，如可以采取建造师专业执业资格和学历教育专业相结合来控制的办法，即对某些行业的建设工程，在要求从业人员具备某个专业的建造师资格的同时，还可以要求其具备高等教育的某几个专业的学历之一，如要求房屋建筑工程的项目经理除了具备房屋建筑工程的建造师资格外，还必须具备建筑学、工民建或地下结构等专业的大专以上学历。而对某个具体的高等教育专业的毕业生，也可以限定其从事某几个行业的工程，如岩土工程专业的毕业生，在具备相应的建造师资格后，可以担任公路、铁路和房屋建筑工程等工程的项目经理，等等。

五、其他

在考试题型的设置方面，建议增加判断题。原因是，对于某些需要考生掌握的考试内容，有时单选题很难命题，因为给出一两个干扰项比较容易，要给出3个干扰项有时候比较难。多选题比较好命题，但有些多选题，很难给出干扰项，好不容易给出一个干扰项，考生也往往比较好判别，干扰性不强。增加判断题后，给命题工作带来一定的灵活性，方便命题工作。另外，判断题实际上只有两个选项，在一定程度可以降低考试难度。判断题属于客观题，仍然适合采用计算机阅卷。

对各科目命题专家的选择，建议听取该科目命题组长的意见。命题专家应具有扎实的基础理论知识和丰富的实践经验，另外还需要有合作精神；要有命题经验，还要有耐心和责任心，以及工作细心。这些素质，在以往的命题工作中可以得到体现，因此，通过前几次命题工作可以对命题专家进行筛选。当然，命题工作也是一项极其艰苦和枯燥的工作，耗费时间长，在一定程度上影响了命题专家的本职工作和其他工作，他们的奉献和牺牲应该给予肯定和激励。

建造师考试的通过率，建议逐年降低，经过2-3年的过渡，最终达到15%左右，这有利于逐步提高建造师的队伍素质，从而提高我国建筑业的管理水平。与此相配合，试题的难度，建议适当增加。

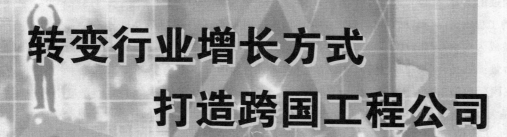

转变行业增长方式
打造跨国工程公司

——访中国对外承包工程商会副会长刁春和先生

本刊记者　李春敏　董子华

记者：刁会长，您好。今年年底，我国加入WTO五年过渡期即将结束。一个全面的国内市场与国际市场一体化的历史时期，摆在我国对外工程承包企业面前。请您谈谈在新的形势下，企业如何在更加激烈的竞争中抓住机遇，实现可持续发展？

刁春和（以下简称刁）：这个问题提得很好，也很及时。在当前对外承包工程业务迅速发展的形势下，确实有必要很好地研究行业如何发展的问题。到今年12月，我国加入WTO五年过渡期即将结束，我国将全面步入WTO时代。可以说，在过去的五年里，我国对外工程承包企业取得了举世瞩目的成就。日前，在美国《财富》杂志最新公布的"全球最大500家公司"排行榜中，中国铁路工程总公司、中国铁道建筑总公司和中国建筑工程总公司首次亮相。近期中信—中铁建设联合体也一举拿下62.5亿美元的世界公路项目最大单。这些都说明了我国对外工程承包企业的发展与壮大。但是，面对即将到来的全面国际化的挑战，与国际大承包商相比，我们还有相当大的差距。我们的企业，在新的形势下，既要看到成绩，又要看到问题，需要从战略的高度，深入研究WTO过渡期后更大挑战，做好各方面准备工作；要深化改革，创新发展模式，转变增长方式，提高发展质量；要善于综合运用经贸、法律、外交、金融等手段，提高水平，全面应对；要切实抓好人才工作，抓紧培养通商务、懂法律、会外语，具有国际工程承包经验的复合型人才。

总之，抓紧做大做强我们的企业，力争在过渡期后的WTO时代，在国际承包工程市场的竞争中，打造出具有强大国际竞争力的中国跨国公司。

记者：当前国际工程承包市场的发展特点是什么？目前我国对外承包工程事业发展的现状如何？

刁：当前，国际工程承包有以下几个发展特点：一是工程承包市场热点纷呈，亚太、中东、东欧、非洲等地区比较活跃，成为国际承包商激烈角逐的主要市场。二是许多地区和国家的工程建筑市场逐步开放，私人资本日益成为推动国际承包工程发展的重要力量。三是BOT、PPP等带资承包方式在国际大型工程项目中被广为采用。四是大型承包商的理念、角色和作用都在发生变化，已经开始越来越早地介入到项目的组织过程中，成为项目的策划者、组织者和投资方。五是国际工程不断创新，通过资金控制、信息技术和扁平化结构建立起便捷的管理系统，对各分部、机构以及项目进行管理和成本控制。六是为适应项目大型化、专业化的需要，国际工程承包业的兼并和重组不断发生，从而有效整合资源，提高竞争力。

我国的对外承包工程事业起始于上个世纪八十年代，当时只有为数不多的中央企业和地方国际合作公司尝试着做一些分包工程，业务档次不高，项目品种单一，市场份额很小。近年来，我国对外工程承包行业发展迅速。随着国家"走出去"战略的实施，产业结构的调整和升级，我国对外承包工程企业实力逐渐增强。在部分产业的制造加工、设计和施工等方面，中国企业已经具有了相当程度的实力，具有了承揽大型、特大型项目的能力。就土木工程而言，中国企业已经能够设计、施工世界上最长的桥，最高的楼，最大的水电站，海拔最高的铁路。一些对外承包工程企业已经在某些国家、某些行业形成了明显的品牌优势。据商务部统计，2005年对外承包工程完成营业额217.6亿美元，同比增长24.6%；新签合同额296亿美元，同比增长24.2%。截至去年12月底，我国对外承包工程已经累计完成营业额1357.9亿美元，合同额1859.1亿美元。对外承包工程大大带动了国产设备、材料、技术和服务的出口，推动了我国产业结构的优化升级。按照清华大学经济管理学院有关专家组的测算系数1:4.91来算，我国对外承包工程每赚取1美元，就可拉动GDP增加4.91美元。去年，我国对外承包工程完成200多亿美元，在当年的GDP中即折算为1000多亿美元。可以说，对外承包工程已成为拉动国民经济增长的一支新生力量。

记者：能否请您谈一谈我们的对外承包工程企业在发展过程中，还存在哪些主要问题？

刁：我国对外承包工程企业面临的主要问题大体有这样几个方面：一是对外承包工程企业的国际化程度不高。生产要素配置的全球化（资金、技术、原料、生产手段、劳动力）是企业国际化的标志，企业在多大范围和程度上利用、选择、组合生产要素的能力是决定企业国际竞争力的关键，企业的国际化程度低，必然会影响到企业在国际市场上的竞争力。总体而言，我国从事对外承包工程的企业国际市场营业额在公司总营业额中所占的比例不高。与国际大公司相比，虽然一些大型企业的总体规模已经达到了平均水平，但国际化程度相对比较低，因而国际市场竞争力方面还有一定的差距。

二是企业融资能力不足。融资能力一直是困扰我国对外承包工程企业扩大业务的"瓶颈"。具体表现为以下几个方面：1、企业资产总规模偏小，资产负债率较高，导致其融资能力有限；2、出口信贷和出口信用保险对承包工程的支持力度还有待进一步提高。3、融资渠道单一。我国的对外承包工程企业以带资承包的方式参与国际竞争，主要是依靠出口卖方信贷，尽管取得了一定成效，但出口卖方信贷增加了企业的资产负债率，影响了企业再融资的能力；项目的还本付息、利率等风险由企业承担，企业的经营风险加大。

三是企业综合管理能力和自主创新能力不足。美国、日本和欧洲等发达国家和地区的企业在世界500强的排名中一直占总数的90%以上，掌握着全球70%以上的新技术、新工艺。比较而言，我国对外承包工程企业大部分企业技术投入不足，缺乏自有技术，在一些项目上严重依赖国外的专利技术，且大多集中在产业链条低端的、利润较低的施工领域，承包工程营业额的增加主要依靠项目数量增加的外延型增长；缺少工程咨询、工程管理、投资顾问类的企业；另外经营管理水平较低，特别是在市场营销、融资管理、成本控制、风险管理等方面水平有待进一步提高。

总之，对外承包工程企业要转变增长方式，创新发展模式，提高发展质量，从而实现行业的可持续发展，这是当前摆在我们面前的紧迫任务。

记者：看来，对外承包工程企业增长方式转变的问题，是全行业的一个紧迫问题。承包商会作为对外承包工程行业的全国性组织，将如何推动企业这方面工作的开展？

刁：我想，对外承包工程企业要转

变增长方式,创新发展模式,提高发展质量,首先是要整合现有资源,在现有的基础上尽快做大做强我国的对外承包企业。尽管我国拥有对外工程承包经营权的企业达到1600多家,但具备国际工程总承包能力,能够为业主提供包括项目规划、咨询、设计、施工、管理等在内的综合服务能力的公司数量不多,相当数量的公司仍主要集中在施工领域。由于公司业务同质化严重,在一些市场恶性低价竞争的状况时有发生,利润空间很小。市场份额的扩大及经济效益的提高,依靠的是强有力的经营主体。因此,实现行业增长方式的转变,需要深入研究国际同行先进的发展战略及管理模式;需要整合现有资源,培育我国自己的跨国公司。中国水电建设集团的做法是优化内部资源配置,严格执行"四个统一",从而发挥了公司的整体优势,将综合实力转化为竞争优势,提高了整体效益。外部资源整合主要是企业的并购和企业的战略联盟。曾经连续三年全球225强排名第一的瑞典承包商——斯堪斯卡公司即通过收购美国的建筑企业而迅速进入美国工程承包市场。通过重组进行资源的整合,建立我国具有竞争力的大型企业集团,是我国传统外经企业实现跨越式发展的必然选择,中国土木工程集团与中国铁建的重组就是如此。一方面,传统的外经企业虽然有着丰富的海外经营经验,熟悉海外市场,培养了一大批海外经营和商务人才,却由于自身存在资金、技术及施工力量上的劣势而难以满足国际市场竞争的需要;另一方面,像中国铁建这样的企业,拥有二十几万人的施工队伍,有自己的设计院和科研所,众多的科研成果和较强的技术创新能力,但在海外市场开拓方面相对滞后。而中国土木工程集团并入中国铁建后,形成优势互补,真正实现了把企业做优、做强、做大,为开拓高附加值、高技术含量的大型综合项目提供了强有力的支持,市场空间和舞台更大了。所以,资源的整合是非常重要的,在这方面,承包商会将努力发挥行业组织的作用,做好服务、协调和促进工作,推动行业资源的有效整合。

第二是引导企业差异化发展,形成合理分工体系。在经济全球化条件下,社会化分工合作是市场经济的重要特征,也是市场经济效率比较高的原因所在。社会化分工还是解决行业内过度竞争,公司同质化等问题的重要途径。要通过政府、行业组织和企业的共同努力,鼓励企业差异化发展,形成自己的特色。促进大企业向总承包方向发展,承接EPC、BOT/PPP等高端项目高附加值项目;促进中小型企业向专业化方向发展,致力于专业化的材料、设备、施工、劳务等的分包,从而尽快形成一批专业特点突出、技术实力雄厚、国际竞争力强的对外工程承包大企业集团和专业分包商。同时,要努力推动企业间的合作,在行业内形成总包商、分包商、劳务提供商、设备供应商等专业化分工体系和企业之间合作的横向分工体系,优化资源配置,提高竞争力。应推动设计、施工和营运企业的联合和一体化发展,增强承包工程企业的整体实力和国际竞争水平,尤其是发挥我国设计咨询企业在承包工程业务中的龙头带动作用,提高行业集约效益。长期以来,我国的水电、水利等设计单位主要为施工总承包方提供服务,今后,应当加强与外国政府、大型业主和投资机构的合作,成为他们的顾问,进入项目研发与规划、可行性研究等产业链上游,进而成为项目总承包商的先导,提高经济效益。在这一过程中,承包商会将充分利用自身渠道广泛的优势,帮助企业开拓市场,推动行业的良性发展。

第三是推动企业技术创新,确保核心竞争力。当前,发达国家倚仗其在高科技、专利及国际标准等方面的优势,在环境保护、基础设施、智能化和电子商务等市场竞争中占据制高点。中国企业由于核心技术和核心产品不掌握在自己手里,在国际竞争中处于不利地位,在市场分配体系中处于收益较低的节点上。作为行业组织,将组织力量认真研究当前国际工程承包技术发展趋势,在企业间全面推广新技术的应用,鼓励企业加大技术投入,推动企业技术创新,发展核心技术,确保竞争优势,转变当前单纯依赖低成本要素在国际市场进行竞争的不利局面,实现增长方式的转变。

加入WTO以后,我国工程承包企业既面临更加激烈的竞争,更加严峻的挑战,同时也迎来更大的发展机遇。在去年底召开的全国对外经济合作工作会议上,商务部陈健部长助理在谈到未来目标和主要任务时指出:"未来5年,我国对外承包工程要进一步转变增长方式,提高科技含量和管理水平,确立对外承包强国地位。继续发挥比较优势,增创竞争优势,努力扩大国际市场份额,全面提高质量效益和水平。"在新的形势下,我国的对外承包工程企业应认清方向,勇于开拓,继续跟进国际承包工程市场的发展潮流,努力转变增长方式,在国际承包工程市场的竞争中,打造一批具有强大竞争力的中国跨国公司。

专题探讨

相关链接

全球承包工程市场规模状况

到今年12月11日，我国加入WTO五年过渡期即告结束。我国开始全面步入WTO时代。就是说，从那一天起，国内市场就实实在在地成为国际市场的一部分了。

那么，国际市场目前是一种什么情况？下面我们将汇集的有关资料摘录如下，仅供企业参考。

据权威机构预测，全球承包工程市场每年约有1.26亿万美元的规模。这无疑这是一个巨大的市场，而且随着全球建筑业的发展和建筑市场的进一步开放，这个市场还将持续扩大。全球建筑业的年投资增长速度在2005年已超过5%，并一直维持至2008年。未来预计在相当长的时期内，发展中国家的基础设施投资增长更为迅速，特别是在一些我国有比较优势的国家，国际承包工程市场的快速扩张，中国对外承包工程企业都将会有很大的市场发展机遇期，同时，也将承受着巨大的压力，面临着激烈地挑战。

在亚太地区，中国和印度突出的表现为是亚洲地区建筑业增长的主要动力。在2004年增长7.6%之后，中国的建筑业投资有望在今后几年保持约6.5%的增长速度。近几年来，与印度经济高速增长的同步，其建筑业投资亦迅速大增，2004年印度建筑业增长率已达10%，并有望在今后仍能保持约5.1%的速度增长势头，特别在基础设施建设和非住宅建设项目等领域的投资倾向值得关注。

近年来，澳大利亚建筑业总产出的平均增速在13%以上。澳国研究机构显示，至少今后几年内澳国仍会保持较快的增长势头，已盛行的PPP承包模式和政府的倾向性政策导致该国包括公路，铁路，港口，污水处理，电信等方面的基础设施建设异常繁荣，有力的支撑着澳建筑业的总体发展趋势。同时，由于中国等对铁矿石等资源的需求量大，澳国能源和采矿方面的建设增长也较快速，2004年澳国的金矿，铁矿，镍矿和煤矿等能源建设产出增长为17.3%；另外，澳国的非住宅建设项目的增长亦十分惊人，其增长率为14%，预计2006年将增长8%。

据权威机构预测，亚洲地区（日本除外）的基础设施和非住宅建设的未来5年投资额增长速度将达到5.1%。我国企业在该地区有明显的地理地缘和国家关系及其技术管理等竞争优势，未来的市场发展前景看好，潜力巨大。

中东和非洲地区，自2003年以来，中东地区的建筑业呈爆炸式增长。2003年比2002年增长达68.8%。据美国有关机构估计，伊拉克重建和海湾地区石油收入猛增，工程承包市场潜力很大。以阿联酋为代表的开放度大的国家，其基础设施建设吸引了大量的外资投入。世界银行预测，非洲地区基础设施建设，年投资将达180亿美元。该地区，南非的建筑业投资前景较好，据估计建筑业年投资可达150亿美元的规模，目前的几个大型基础建设项目和为主办2010世界杯足球赛的项目，在未来5年可需投资330亿美元以上。中东和非洲地区建筑业年投资额预测从2005年到2010年将以3.3%的速度提升。总之，我国企业在中东和非洲地区的工程承包业务会有较快增长，并具有不可替代的显著的合作优势和竞争力，是我国工程承包企业未来发展的重点亮点市场之一。

近年来受金融危机影响的拉美地区的经济，正在逐步复苏的过程中，经济的恢复推动了该地区建筑业的较快发展。目前，拉美地区的基础设施相对落后，面临着很严重的水污染，交通不便等诸多问题。在未来几年内，拉美国家将投资数百亿美元用于该地区的基础设施建设。据有关专家估计，仅巴西每年在基础设施建设上的投资额就高达200亿美元以上。权威机构预计从2005年到2010年，整个拉美地区的建筑业投资将以年平均为2.9%的幅度增升。拉美地区是我国新兴的对外承包工程市场之一，虽然目前的年完成营业额和新签合同额的数量还比较小，但基于拉美市场潜力和我国的影响力，及该地区工程承包业务的开拓需要，中国企业在该地区的发展前景光明。但该区域邻近美国，市场竞争白热化程度可想而知。

西欧中东欧地区，该区经济复苏缓慢，大部分国家的建筑业兴起，得益于基础建设和住宅建设的规模投资。近年来保持高增长的国家有英国为5.7%；西班牙为5.3%；意大利为5%，预计今后几年内西欧各国的建筑业将以1.7%左右的速度增长。近年来我国企业在该地区无大突破，技术性障碍多多，市场准入困难。中东欧就规模来讲难以与西欧相比，但近年来东欧建筑业的发展明显高于西欧。匈牙利，波兰，罗马尼亚，保加利亚等国家基础设施建设投入较大，去年已达5%，据予测到2010年该地区建筑业年均增速将达3.7%左右。我国企业在该地区的设计，投资，经验，声誉等优势较大，这些对我国企业有进入该市场，机遇会较多。

北美地区，近年来美国年均3~4%的宏观经济增长将为本国建筑支柱产业的发展提供了强劲动力。据美国有关方面预测，该国建筑业在今后几年内将保持在2%左右的速度增长。非住宅建设（主要是商业建筑）和基础设施建设在今后仍将保持高达6.9%和2.7%的增幅。从2005年到2010年，加拿大的建筑规模将保持4.3%的的增速。到2008年，加拿大的建筑业支出规模将达到1300余亿美元。私人住宅建设在今后几年仍将保持比较快的增长势头，政府部门近年在公路，水利，电力等公共设施上的投资也非常巨大。北美市场尽管规模巨大，吸引力强，遗憾的是我国对外承包工程企业与国际大承包商比较，还有相当大的而不是单一方面的差距。我国企业眼下在该地区的竞争力尚不足，市场进入的难点主要表现在技术性障碍方面。

中国对外承包工程企业的发展策略探究

◆ 杨俊杰

(中建精诚工程咨询有限公司，北京 100037)

对外承包工程是服务贸易、技术贸易、工程咨询、货物贸易和物资采购等的综合载体，是"走出去"战略方针实施的重要方式。WTO后过渡期内，如何实现中国对外工程承包企业的发展，更上一层楼，"十一五"是一个重大战略发展机遇期。本文就中国对外承包工程的现状，所面临的主要问题和大力发展对外工程承包的初步建议做分析。

一、现状

"十五"期间，中国对外承包工程的发展总体说，市场广大，速度颇高，发展加快。根据商务部国外经济合作业务统计年报中的营业额为例，按地区市场划分：

(1)亚洲市场：2004年中国企业完成营业额达42.3亿美元，上升到占总营业额的28.2%；

(2)中东市场：2004年中国企业完成营业额上升至11.5亿美元，上升到年均增幅为15.4%；

(3)港、澳市场：2004年中国企业完成营业额为27.6亿美元，下降为占总营业额比例的约15.8%；

(4)非洲市场：2004年中国企业完成营业额为38.1亿美元，占全部营业额的21.8%；

(5)拉美市场：2004年中国企业完成营业额8.1亿美元，占总营业额比例上升为4.6%；

(6)西欧北美大洋州市场：2004年中国企业完成营业额17.3亿美元，占总营业额的9.9%。详见表上2000至2004地区市场情况统计；表二2001至2004行业分布比例表。

从上述及两表不难分析并做出如下判断：

1.我国对外承包工程企业的发育、成长、壮大呈上生态势。已有国际工程承包资质的企业达1800余家；内地企业2004年有49家入选全球最大225家国际大承包商行列。

2.承接和实施工程项目的能力明显增强。据商会统计，仅2004年承包5000万美圆以上的大型项目73项，总金额达93亿美元，占总合同额的27.3%。

3.承包工程的模式已趋多样化。国际上流行的EPC、BOT、CM等"三族"主流形式在中国企业开始承揽和运作，并取得可喜的进步和扩大。2004年承揽上亿美元项目达30项，6.5亿美元。

4.承包工程的业务域面广阔，除传统项目外，有的公司正向"三高"方面发展。这里所谓"三高"是指具有科技含量高、高附加值、高利润等工程项目以及资源开发、能源开发和实物支付项目等。

5.多元市场格局的全球化已初步形成。中国企业遍布世界180余个国家和地区，多元市场格局的以亚洲为主、发展非洲、恢复中东、开拓拉美、突破欧美

2001—2004年期间行业分布比较表　　　　表二

行业分类	2001 新签合同额比例%	2001 完成营业额比例%	2002 新签合同额比例%	2002 完成营业额比例%	2003 新签合同额比例%	2003 完成营业额比例%	2004 新签合同额比例%	2004 完成营业额比例%
房屋建筑业制造及加工业	30.1 7.1	33.6 6.5	25.8 10.8	29.1 10.3	27.5 9.6	28.6 9.7	30.7 8.7	29.4 8.7
石油化工业 电力工业	10.8 14.6	9.4 13.2	10.8 9.1	8.1 12.3	7.9 15.7	14.5 9.1	9.4 12.6	10.2 8.7
电子通讯业 交通运输建设	3.6 22.5	3.6 21.9	4.6 18.1	4.2 21.2	6.7 17.6	5.5 18.6	6.7 14.3	9.5 16.7
供水排水业 环保产业建设	6.3	4.9 1.0 0.7	3.6	2.4 0.4 0.3	4.3	3.7 0.5	5.4	3.7 5.4 4.3
其他	4.0	6.2	16.8	12.1	10.3	9.8	6.8	8.7

2001至2004行业分布比例表　　　　表二

地区	2000 合同额	2000 营业额	2001 合同额	2001 营业额	2002 合同额	2002 营业额	2003 合同额	2003 营业额	2004 合同额	2004 营业额
亚洲市场 占总额的%	28.6 24.4%	19.7 23.5%	39 29.9%	22.3 25.1%	32.6 21.7%	27 24.1%	45.7 25.9%	33.3 24.1%	67.2 28.2%	42.3 24.2%
中东市场 占总额的%	8.0 6.8%	6.9 8.2%	11.1 8.9%	6.7 7.5%	13.3 8.8%	8.2 7.3%	10.7 6.1%	7.9 5.7%	23.5 9.9%	11.5 6.6%
港澳市场 占总额的%	26.1 22.3%	21.3 25.4%	24.5 18.8%	17.6 19.8%	23.3 15.5%	22.2 19.8%	25.4 14.4%	28.1 20.3%	22.9 9.6%	27.6 15.8%
非洲市场 占总额的%	20.8 17.7%	11.0 13.1%	24.6 18.9%	15.2 17.1%	27.9 18.5%	18.1 16.2%	38.7 21.9%	26.0 18.8%	64.3 27.0%	38.1 21.8%
拉美市场 占总额的%	2.4 2.0%	1.7 2.0%	5.1 3.9%	2.6 2.9%	10.5 7.5%	3.5 3.1%	3.0 4.0%	6.5 4.7%	6.2 2.6%	8.1 4.6%9
西欧北美大洋洲 占总额的%	9.9 8.4%	6.0 7.2%	10.4 8.0%	9.1 10.2%	16.7 11.1%	15.7 14.0%	16.7 9.5%	13.8 10.0%	21.2 8.9%	17.3 9.9

等发达国家已基本形成格局并成为中国企业"走出去"的基本方针。

6.对外承包工程的管理趋于规范化法制化。二十多年来，政府主管部门、商会、行业组织等发布的相关管理条例已经具备了法律效力，系列化的规章、制度、条例、细则亦成为公司开展业务和经营管理的惯例化和程序化。

7. 承包工程政策支持体系日渐咸效。2000年国务院转发《关于大力发展对外承包工程的意见》（国办发[2000]323），2004年（国办发[2004]34号）《关于加强对发展国家经济外交工作的若干意见》，中国进出口银行、出口信用保险公司、承包工程业务相关主管部门等出台《关于支持我国企业带资承包国外工程的若干意见》，均给予对外承包工程在开拓市场、工程保险、工程风险、工程项目贷款贴息等极大支持。

8.从行业分类看，以2004年为例，房屋建筑占29.4%，石油化工占10.2%，三行业占当年总营业额近60%，这表明了我国工程承包的强势行业；而电子通讯、电力和制造加工等工程仍有较大的拓展空间。

根据世界主要工程承包发包国预测2005-2008年建筑业平均规模大体在3.67万亿–4.0万亿美元间，并在基础设施建设、石油化工和资源环保等三大领域具有巨大发展潜力并受到国际大承包商们的青睐，这是值得我们关注的

二、问题

我国对外承包工程企业与国际大承包商比较，还有相当大的而不是单一的差距。其具体问题是：

1.我国的工程承包商普遍存在国际竞争力薄弱的突出问题。表现在：

1）组织运作机制复杂化，不适应国际化潮流。如针对EPC,BOT,CM等全面适应性建设滞后；

2）整体管理水平处于粗放低下状态。如对现代化工程管理理论及其方法尚不能运用自如；

3）对工程项目全过程监控不规范，不细化。如缺乏工程项目现场实施精细管理思想，对项目执行力不严；

4）国内承包商的资金运作力不强，融资渠道窄狭。如项目融资新发展的应用，银企结合和银企贸结合度远远不够；

5）工程项目中的技术创新和科技开发投入和应用不足。如信息技术的应用和信息化建设尚无完全到位；

6）工程市场拓展上比例不对称，如占领市场的份额还很小；合同额仅占国际工程承包市场总额的不足2%；

7）国内承包商的业务域面单一化，不甚广。如建筑及相关工程服务，还有很大的拓宽空间；

8）与国际上的某些业主，某些大承包商缺少固定的合作关系。如：涉及技术尖端的工程项目往往被发达国家大承包商所垄断；

9）人力资源的开发度不够，复合型的高端人才远比不上国际大承包商，这是一个带根本性的问题。

总之，我国工程承包商的"商道"功底远不如国际大承包商们。所谓"商道"泛指在工程承包业及相关工程服务领域内的企业和一切从业人员应俱集的理论研修、业务素质、作为能力、道德自律；文化涵养和操守水平等国际化运行规则水准的通称。

2.工程项目采购模式基本处于传统阶段

国际建筑市场上EPC,BOT,CM等"三族"及其延伸模式已成为国际大承包商承揽并实施工程总承包的主流，而我们还处在理论认识，统一思想，实践摸索，总结经验的阶段。在法律法规、经营权限、政府担保、投资回报、外汇管理、风险分担、政策支持等诸项尚无完整的配套的可操作的支持措施。

3.工程项目的风险管理差距显著

国际大承包商的工程风险管理及建立的体系，完整、健全、运用成熟，十分成功。如美国的工程保险是迄今应用最广泛，效果极佳的应对工程风险管理的手段之一。美国工程风险涉及十余种之多。而我们的风险管理理念陈旧，手段单一，成熟度差，运作效果不甚理想，服务体系和保障机制不到位。

4.健康、安全和环境（HSE）管理体系尚未得到全面落实

国际大承包商总是把这一工程项目中的重要组成和评价指标放在首要地位。美国某些大承包商在全球范围内的工程项目安全始终保持零的记录，几乎所有总承包的工程项目均制定出台现场的HSE规划及具体操作、检查、监督手册。我国企业的HSE意识薄弱，对国内外的HSE标准与要求理解甚浅，HSE落实到位相去尚远。

5.缺乏可行的可持续发展纲要

我国企业的中长期发展规划缺乏前瞻性，实用性，做完往往就束之高阁。国际大承包商非常注重本企业的发展战略，包括近期、中期和远期的奋斗目标；这一目标是可行的，可操作的，可持续发展的；是集企业领导，专家学者，全员职工智慧之结晶；这一目标是总结成功与失败，现实与未来，主业优势与非主业劣势，运作措施与组织保障机制等反复比较的结果。这是值得我们学研的。

6.缺乏应对技术壁垒的招术

国际工程承包市场尚处于开放度较低的态势，开放程度的范围约为30%上下，无论是发达国家或是发展中国家都对工程承包项目附加某些限制性措施，包括企业注册、经营限制、货币限制、劳务限制、人员资格限制、政府补贴、投资壁垒、税收歧视、技术标准要求、设备进口限制、政府采购以及对国际金融组织贷款项目投标的限制和该国国内成分要求等类，不一而足。对此，我们缺乏深度

了解,缺乏应对的经验和制约的手段。

三、建议

为发展我国对外工程承包事业,实现"十一五"期间比"十五"期间力保增长12%至15%的目标,兹提出解决上述几方面问题的建议:

1.加强和加大金融政策支持力度

国家应鼓励金融机构积极开展金融创新,提供适合对外工程承包的新金融产品,对符合国家支持条件的大型工程项目进行国内外融资试点;国家在政策上应允许政策性银行和商业银行提供无抵押贷款;要考虑适当下浮对外承包工程的贷款和保险费率,特别对大型工程项目应给予利率和费率的优惠;建议设立对外工程承包融资担保基金,增加对外工程承包保率风险专项资金数额,简化手续,扩大范围;对境外工程承包项目,尤以EPC,BOT,CM等工程总承包和工程项目管理等项目,实施有弹性的外汇管理制度和放宽工程项目的外汇资金融通等。

2.建立对外工程承包风险保障制度

我国应参照国际通行做法,加快建立工程承包风险保障制度。

——鼓励保险机构向国际工程项目提供多种多类型的保险服务;解决出口信用保险的不足,已利融资项目发展;

——支持设立对外工程承包风险基金,提高我国企业抗风险的能力;

——政府对此基金应免除所得税,同时中央财政给予足够的拨款支持,该风险基金主要用于商业保险之外的风险。

3.鼓励企业进行联盟、重组、规范化经营

——加速对外工程承包业联盟,重组改制的步伐,尽快形成数个专业特点突出,技术力量雄厚,国际竞争力强的大企业集团,向EPC,BOT,CM等高端业务市场和高技术含量,高附加值,高利润等的发达国家市场进军;

——我国对外工程市场应进行规划,分级分类管理,制订对多种类型的企业在市场和工程项目上的指导意见;

——主管部门和行业组织应完善和出台对外工程承包管理条例,依法规范企业的经营行为,加速推进行业自律;

——推进企业间合作,通过联合投标,协调报价,参与竞争,共同实施等方式,达到互利互惠,多方共赢。

4.提高企业的自身能力建设是关键之道

如EPC,BOT类项目涵盖了设计,施工,安装,采购,试车,交验等多个环节,对承包商整体能力要求非同一般,我国大型工程承包企业必须强化自身能力建设,向资金密集,管理密集,技术密集,具有设计——施工一体化,投资——建设一体化,国内——国外一体化的跨国公司方向突飞猛进;熟悉国际工程承包技术标准,规范法规,合同范本和市场运行规则,不断培育一批掌握国际通用的专业管理模式等人才;提升国际工程承包业务本地化运营能力,通过与欧美大企业合作,获得更好更多的市场准入机会;注重属地化经营,规避技术性壁垒的障碍,降低企业运营成本和经营风险;大型企业应实现"四统一",即统一对外经管,统一配置资源,统一使用品牌,统一开展对外合作。

5.完善对外承包工程行业服务体系

建立和完善功能多样化,数据准确化的工程承包数据信息系统,为金融机构,企业开拓国际市场提供市场评估和工程项目评估;发挥商会专家委员会特殊优势,为企业提供技术支持,开展全方位的工程咨询服务;发挥行业组织的优势,大力培训行业紧缺人才,形成行业发展的人才库储备,建立职业化的对外工程承包队伍;建立与国外同行的广泛业务联系渠道,积极鼎助企业开拓国际市场。

6.对外工程承包的更大突破锁定在高端业务

技术含量高,高附加值,高额利润是工程承包高端业务的基本特征,工程承包高端业务有很强的市场占有力和相关业务的拉动力,是突出体现双赢或多赢的大平台。例如BOT类项目集资本经营,规划设计,施工安装,合同管理,营运移交于一体,承担组织,设计,建造,采购,营运等多种角色,他为拓展工程承包,工程咨询,工程管理,投资顾问,设备材料进出口带来不可估量的机遇,为打造"中国创造"的自主知识产权品牌具有现实意义和长远发展基础,当今,国际大承包商营业额的40%至50%以上来源于此。高端业务在资源开发,环境保护,交通运输,石油化工,尖端技术等领域,有很多的工程项目的搏弈空间,对此,我们应做深层次的探研并有所作为。

7.认真研究WTO《政府采购协议》

加入WTO《政府采购协议》后,我们应该对其在我国工程承包市场将产生的影响以及应采取措施进行专题研究,一方面在市场运行机制,管理措施和产业领域做好应对准备;另一方面,研究《政府采购协议》与WTO协定框架下其它协定的协调关系,充分利用有关发展中国家权利的条款,运用自己的权利,保护我国政府投资工程的安全和利益。

8.充分发挥行业组织的作用

加强行业组织的建设和商业惯例的培育,充分发挥行业商会在提供服务、反映诉求、规范行为和开拓市场的支持作用。服务贸易行业组织和商会惯例在保护本行业市场和企业方面有着重要的作用。我们要借鉴欧美日等国家在这方面的成功经验,强化前瞻、预测性课题调研,大力加强工程承包行业组织的建设和商业惯例的培育,运作市场化的协调机制,促进企业间的分工合作体系,通过商业惯例和行业组织及民间团体的作用,对我国的工程承包服务行业进行在国际规则内的保护。

"CSCEC"的旗帜高扬在世界上空

——中国建筑工程总公司进入世界500强侧记

◆ 本刊记者 华一岩 黄太平

7月12日,美国《财富》杂志公布了2006年度"全球最大500家公司"排行榜名单,中国建筑工程总公司排名第436位。据新华社7月20日电,中国建筑工程总公司等中国三大建筑央企同时亮相世界500强,成为今年世界500强企业名单中的一大亮点。

中国建筑工程总公司总经理孙文杰在接受新华社记者专访时说,"建筑市场,尤其是海外建筑市场,是完全竞争性的,三家国有建筑企业能进入世界500强确实不易。这表明国有资本在竞争领域同样能取胜。"

中建总公司成立于1982年,当年完成主营业务收入12.48亿元,发展到2005年完成主营业务收入1157亿元,用20多年的时间跨入了世界500强企业行列。承建项目包括世界第一高楼上海环球金融中心工程、欧洲第一高楼俄罗斯联邦大厦工程、世界上结构最复杂的中国中央电视台新址工程、被国际权威组织评为20世纪全球十大建筑之一的香港新机场客运大楼工程等著名建筑。

对于以机场、住宅、高档酒店建设为主要业务的中建总公司来说,海外建筑市场持续拓展成为其收入增长的重要来源。2006年中建以141.2亿美元的总收入排名489位,而其2005年海外营业额达到35亿美元,成为当年联合国《世界投资报告》所列发展中国家最大50家跨国公司中,唯一的跨国建筑公司。

"我们的下一个目标是海外经营跨入国际著名承包商前十名,"孙文杰说,中建总公司计划到2010年合同额占预测全球建筑市场总量的5‰,海外营业收入占全国对外承包收入比重的15%。

"走出去",投身国际市场竞争

1978年初,中建总公司响应国家改革开放号召,开始了艰辛而又壮丽的漫漫海外经营之路。从海外业务的最基层做起,一步一个脚印干到总公司总经理位置上的孙文杰,回想起自己1981年以工程师身份外派到香港工作时的情形仍记忆犹新,感慨万千。当时还在中建三局工作的孙文杰和他的17位同事踏上香港这片土地时,人手一个巨大的帆布包,装着手纸、牙膏和肥皂。在香港,他们是穷小子,以至于来接他们的办公室主任拿不出钱给他们买水喝。

就是在这种情况下,中建人克服重重困难,短短的几年时间,他们不负国家和民族的重托,投身国际市场竞争,敢于同世界知名承包商叫阵,敢于充当中国企业"走出去"的开路先锋,逐渐站稳了脚跟,并取得了骄人的业绩。中建总公司先后在香港承建了大量的填海造地工程,相当于使港岛面积增加了1/9;在香港,每16人中就有1人居住在由"中国建筑"建造的楼宇里。

20世纪90年代初,港英政府推出包括赤腊角新机场等工程在内、预算超过250亿美元的庞大"玫瑰园计划",国际知名承包商闻风而至,在弹丸之地短兵相接,仅新机场项目就吸引了20多家国际明星承包商竞争。中建总公司审时度势,与英国、日本、香港等知名承包商组成BCJ联营公司,成功赢得并建设了20世纪全球十大建筑——造价为15亿美元的香港新机场客运大楼项目。

2005年9月12日,举世瞩目的香港迪士尼乐园隆重开业,成为游客趋之若鹜、络绎不绝的一大胜景。此番"米奇老鼠"远渡重洋、首次登陆中国,作为主要承建商,中建总公司完成了合约总额6亿美元的迪士尼基建及乐园系列工程。

在巩固发展港澳地区、阿尔及利亚、东南亚等地市场的同时,中建人实施了"突破战略",在美国市场、俄罗斯市场、印度市场、中东市场,都取得历史性的突破。在印度,他们承建了造价为1.55亿美元的海德拉巴国际机场和造价8000万美元的东西横贯公路工程;在阿联酋、在卡塔尔,他们实现了海湾战争后的中东市场的突破;在俄罗斯,他们承建了高342米的欧洲第一高楼——俄罗斯联邦大厦;在美国,当地媒体惊呼一个中国的建筑企业实现了"三级跳":"建造领事馆——建造中资工程——参与美国本土主流市场竞争"。当他们中标承建投资2.4亿美元的纽约万豪酒店时,作为中国人第一次在美国承建大型公共建筑,引起的震撼远远超过了工程本身。

市场不是战场,但市场犹如战场。中建总公司认为,只有大市场、大业主、大项目才能带来大机遇、大效益。他们以其与生俱来的完全市场竞争思维,发扬敢于竞争、善于竞争、迎接大挑战、抓住大机遇的"亮剑"精神,咬定高端市场和高端项目不放松,最终在国际工程承包市场占据重要的一席之地。通过与各方合作伙伴、特别是国际知名承包商进行战略联盟与合作,中建总公司围绕市场价值链前伸后延,整合资源、集成优势,变"对抗性竞争"为"合作性竞争",变单一的企业间战术联盟为多元的行业间战略联盟,在实践中有效地对接"大市场、大业主、大项目"。目前,中建与美国福陆公司、贝克公司、汉斯、西图、霍克、拜耳,日本大成建、清水公司,德国豪赫蒂夫,英国艾铭公司等多家国际大公司建立了多领域、多层次的长期战略合作关系,资源优势和竞争能力不断提高。

品质重于泰山,服务跨越五洲

中建人"走出去"首先遇到的由于政治、历史、文化等原因,海外市场与中国企业信息极度不对称,海外市场对中国和中国企业的认知不全面,甚至带有偏见和误解,开拓市场十分艰难。中建人使命在身,重任在肩,决心用行动说话,用作品发言。

1997年,中建总公司承接阿尔及尔松树俱乐部喜来登酒店工程,在阿国政治局势混乱、恐怖主义猖獗、施工现场需要武装坦克保卫、外国人员纷纷撤退的情况下,恪守合同,如期交工,确保了第35届非统首脑会议的准时召开,赢得了阿尔及利亚政府和人民的信任。

还是在阿尔及利亚,2003年,阿国发生"5·21大地震",楼宇瘫塌,生灵涂炭,损失惨重,但由中建总公司建造的建筑物无一倒塌,被阿国人民赞誉为"震不垮的丰碑"。"中国建筑"由此声名大振,后续工程源源而来,目前基本垄断了阿国房建市场。

"走出去"风险巨大,国际政治、经济风云变幻莫测,自然灾害频仍等。再加上有些地区条件异常艰苦,有时甚至面临伤残和死亡的危险。这些年来,中建人直接经历了两伊战争、亚洲金融风暴、阿尔及利亚战乱及大地震、美国9.11事件和海湾战争,以及印尼海啸等令人惊心动魄的历史事件,面临过市场萎缩、险境逃生等严峻考验。然而,中建人面对险恶,从容应对,岿然不动,执行国家战略毫不动摇。每一位"走出去"的中建职工,都向祖国和人民交上了一份合格的答卷。

2006年4月10日,正在美国访问的吴仪副总理专程莅临美国南卡罗拉纳州的凯姆敦市,视察了由中建美国有限公司承建的美国海尔冰箱厂,并出席了中建美国有限公司和美国某公司一项投资总额达3亿美元的开发项目签约仪式。中建总公司副总经理易军在汇报中,谈到中建仅在南卡罗拉纳州就承接了9个项目,其中有多个由美国政府投资,仅在当地就提供了1000多个就业岗位时,吴仪副总理高兴地发表了即席讲话,鼓励中建总公司要继续开拓好国际市场。

对所承接的每一个项目都精耕细作,孜孜不倦地实践"品质重于泰山,服务跨越五洲"的理念,是中建逐鹿国际市场的法宝和利器。

中建总公司建立了独具特色、完善高效的项目管理体系。不断强化成本意识和合约精神,推行国际工程承包市场先进的分包制度和项目承包责任制,实施目标管理,责任到人。精细的项目管理既有效控制了成本,也提高了管理的品质。

目前在全世界,中建总公司"品质重于泰山,服务跨越五洲"理念所创造的精品工程,已经成为中建总公司形象的代名词。海外业务拓展到哪里,中建总公司就把精品形象树立到哪里,传播到哪里。埃及国际会议中心、泰国拉玛八世皇大桥、阿联酋朱美拉棕榈岛别墅、美国纽约万豪酒店、俄罗斯联邦大厦等众多标志性工程已经或正在矗立在世界各地。

经营模式人才队伍本地化，打造国际化的竞争优势

中建总公司在长期的海外经营中有一个深刻的体会：只有经营模式和人才队伍高度本地化，才能真正打造国际化的竞争优势。

上世纪八十至九十年代，香港经济迅速发展，股市和地产的相互依存、比翼齐飞，给中建总公司以深刻的启示，果断进行产业结构和产权结构改革，逐步建立了现代企业制度。1992年8月，中建总公司所属的中国海外发展公司在香港上市，创造了中资企业在港资产直接上市的先河，冻结资金比例创造了历史纪录。中国建筑国际集团有限公司在香港联合交易所2005年度首次发行的六十多只股票中涨幅名列前三位，引起国际资本和投资者的高度重视与关注。中建在海外资本市场融资累计超过50亿美元，企业实力大大增强，而且以资本市场为杠杆，放大了国有资产管理的范围和能力，海外国有资产20多年升值近两万倍。

中建总公司没有自然资源、专利资源和政策资源的依恃，人才是其最宝贵的财富和资源。中建总公司坚持人才队伍的本地化建设，昂首行进在国际化的道路上。

20多年来，中建总公司大力加强本地化建设，在海外吸纳、培养和造就了一大批高素质、复合型的国际化人才。外派员工本地化要过三关：语言关、风俗关、生活关。通过本地化建设，使外派员工融入当地，做一名真正意义上的当地公民。同时，还不断提高驻外机构人才队伍中当地雇员的数量和比例，提供市场化、社会化的薪酬待遇，以及广阔的职业发展空间。驻新加坡、香港等海外机构，本地雇员比例已经占到90%以上。驻海外各机构副总经理及其子公司总经理、部门总经理等高管人员队伍中都有当地雇员的身影。2004年8月15日，中建美国公司副总经理、美国公民Herb Bryant举行结婚典礼，中建总公司还专门发去贺电。

中建总公司为了更好地实施国家"走出去"战略，制订实施了本企业独特的"863计划"，即：培育机场、住宅、高档酒店、路桥、水务、医疗设施、政府及使馆工程、文体设施等八大国际工程领域的竞争优势；构建低成本竞争、高品质管理，低成本扩张、高品位营销，以精品项目为品牌带动总承包，以工程咨询为先导带动总承包，以施工技术为支撑带动总承包，优势互补、合作共赢等六大经营模式；实现从规模型向效益型、从外交布局向商业布局、从参与国际建筑承包竞争到经营具有国际竞争力大企业集团的三大转变，加快海外业务发展步伐。

孙文杰在接受记者采访时说，目前中建总公司的海外营业额虽然不足总营业额的30%，但效益却超过了70%。这些数字蕴含着三个结构性的转变。第一，实现了从规模型向效益型的转变。从2005年的统计数字看，中建海外合同额、营业额分别是2000年的2.4倍、1.8倍，而利润总额却是5倍。

第二，实现了从外交布局向商业布局的转变。2004年中建总公司的海外机构数量已经从1989年的53个下降到25个，但海外合同额和营业额却分别是1989年的9.7倍和7.6倍，海外利润更是18.3倍。国际市场商业化的布局，十分有利地促进了公司海外经营从粗放型向集约型转变。

第三，企业战略定位实现了从参与国际建筑承包竞争，到经营具有国际竞争力建筑企业集团的转变。公司提出"把中建总公司建设成中国最具国际竞争力的大企业集团，2010年前全球经营跨入世界500强，海外经营跨入国际著名承包商前10强"的发展战略目标，标志着中建总公司的海外发展定位发生着转变。

经过几代领导和全体员工的辛勤劳动，中建总公司已发展壮大成为中国最大的建筑企业集团和最大的国际承包商。从1984年起连年跻身于世界225家最大承包商行列；2005年度世界前225名国际承包商和225名环球承包商排名居第17位；连续10年被评为全球十大房屋承建商、世界住宅工程建造商第一名；世界医疗等公共工程建筑商前10名。联合国贸发组织长期将中建总公司列为发展中国家十大跨国公司之一。2004年被评为"中国承包商60强"第一名。2005年国资委首次公布央企年度经营业绩考核结果，中建总公司是中央企业经营业绩考核25家A级企业名单中唯一一家建筑企业。今年，中国建筑工程总公司终于亮相世界500强，成为2006年世界500强企业名单中的一大亮点。

中建总公司总经理孙文杰说，党中央、国务院向中央企业负责人提出：中央企业要做"五个表率"，其中一个就是，要做积极实施"走出去"战略的表率。中建总公司正是从这一高度的责任感出发，不断加快"国际化"的步伐，努力"走出去"。如今，中建总公司的"CSCEC"旗帜，高高飘扬在世界上百个国家的上空，绘就了多姿多彩的异域景观。"品质重于泰山，服务跨越五洲"理念所创造的精品工程，已经或正在高高地矗立在世界各地，成为中建总公司，中国建筑业，中国人民融入世界，走向未来的象征。

他们赢得了"工程招投标领域的世界大战"
——记中信建设联合体一举中标阿尔及利亚东西高速公路工程

◆ 马传福　寇晓宇

中国对外工程承包跨入"国际第一梯队"

历史将记下这一时刻：北京时间5月16日下午4时，阿尔及利亚政府向中信—中铁建联合体发来中标通知书："中国中信—中铁建联营体以技术、商务综合评分第一，中标阿尔及利亚东西高速公路中、西两个标段工程。框架合同总金额约为62.5亿美元，合同最终金额可能达到70亿美元。"

"中标62.5亿美元超大型工程"，是一个什么概念？这一超大型项目被国际业界认为"是世界公路项目最大单"，也是我国拿下的世界工程承包市场中同类项目单项合同最大单，还是中国公司有史以来在国际工程承包市场获得的各类工程中单项合同额最大、同类工程中技术等级最高、工期最短的大型国际设计—建造总承包合同。而且，这一工程合同是按照欧洲规范进行设计和建造的"交钥匙"工程。这标志着中国对外工程承包"技术集成"能力有了质的飞跃，真正开始进入国际第一梯队。这一工程让全球一流承包商不得不相信：中国对外承包工程企业联营体这条"猛龙"，真正从过去"低端工程"迈入了国际"高端工程"市场。

阿尔及利亚东西高速公路全长1216公里，待建路段长927公里，全线东连突尼斯、西接摩洛哥，连通马格里布五国集团约7000公里的沿海地区；既是阿尔及利亚贯穿东西方向的主要交通大动脉，又是北非地中海沿岸国家重要的战略要道；被认为是当地经济增长的发动机，建设这条高速公路所需资金全部由阿政府自筹。一直受到世界建筑业高度关注。建设这条沿海高速公路，是阿尔及利亚总统布特弗利卡上任时对全国人民的承诺。

"国际招投标领域世界大战"镜头回放

让我们回到2005年10月以后，看这场"国际招投标领域的世界大战"中发生的几组"特写镜头"：

特写镜头之一：2005年10月底，阿东西高速公路项目招标信息一公布，立即引发了一场招投标领域的世界大战。来自全世界至少64家顶尖级工程公司组成的7家投标联合体参与了这个项目的角逐。其中包括2005年《工程新闻记录》225家"全球最大承包商"排名第一的法国万喜公司、排名第五的美国柏克德公司、排名第七的日本大成建设、排名第八的日本鹿岛建设、排名第二十二的德国贝尔芬格伯格公司和排名第四十一的意大利IMPREGLIO公司等国际建筑业巨头。中信集团牵头的中国中信—中铁建联合体组织了阵容强大的技术商务国际化团队参与了全部3个标段的竞争。

特写镜头之二：面对如此激烈的竞标，阿国政府格外谨慎，不断制造烟雾弹，以防止无孔不入的商业间谍和重大商业贿赂发生——一会儿宣布项目的咨询单位是加拿大公司，一会儿又说是法国公司。直到最后，竞标者也不知是哪家公司。

特写镜头之三：面对强手如林的激烈竞争，中信集团副总经理兼中信建设董事长李士林亲自上阵组织投标。阿尔及利亚的官方语言是法语，中信国华提前半年就开始组织国内3家法语翻译公司储备高速公路方面的专业翻译人才，并把国内工程承包界及法语工程翻译界名流破格直接调入公司。前后不到3个月，运往阿尔及利亚的标书与材料在机场过磅，足足有760公斤。标书有3段，每段都分技术标书与商务标书。而商务标书里，包含最绝密的竞标价格，公司不敢托运，要求员工必须随身携带。中信建设国华国际承包公司副总经理华东一博士说："为防止意外，我们安排了8名员工，分成两组，乘不同航班头等舱抵阿。随身行李，每人两大皮箱，全部是标书核心部分及备份文件，连带洗漱用具的地方都没留。至于标书核心的核心——记载着中信—中铁建联合体真正出价的调价函，则有不同的24封，由互不相识的人携带。连送信人自己也不知道，身上这份是虚是实。"

特写镜头之四：身经百战的中信建设总经理兼国华国际公司董事长洪波也有迟疑的时候。62.5亿美元大单到手这样的特大消息，她硬是捂了两天，才敢向中信集团董事长王军报告。一名中信建设国华公司员工记得，当时照例按投标合同额1%开具申请保函，可中国银行计算机设置的位数已经不够，愣是填不进他们申请的数字。

4月14日，业主代表阿尔及利亚公共工程部高速公路局公布临时中标公司名单。阿尔及利亚媒体评论："亚洲人一举击败欧美人。"直到北京时间5月16日下午4时,阿尔及利亚政府正式向中信集团牵头的中信-中铁建联合体发出中标通知书,并对外公告:该联合体以技术、商务综合评分第一,中标阿尔及利亚东西高速公路中、西两个标段工程。

特写镜头之五:中信建设国华公司办公室里,负责投标工作的公司员工,在十几天漫长的等待之后,紧紧地拥抱在一起。中信集团董事长王军一直高度关注这场招投标的进程。听到中标消息,他当即下令表彰中信建设、国华公司及集团各职能部门相关人员。

"走出去"构筑国际工程市场新格局

2006年8月24日下午,委内瑞拉国内最大的单项住房项目——2万套社会住房项目的融资贷款协议正式在北京签署。中国国家主席胡锦涛和委内瑞拉总统查韦斯出席了签字仪式。此项融资贷款协议的正式签署,标志着由中信建设公司总承包的该住房项目正式进入实施阶段。

对外承包工程已经成为我国实施"走出去"的重要方式。中信建设抓住我国大力发展对外承包工程的这一重要战略机遇,密切关注、深入研究国际工程市场承发包模式和项目管理的发展趋势,经过近几年的战略调整和不懈努力,形成了以投、融资和为业主前期服务为先导取得工程总承包,以工程总承包带动相关产业发展的经营战略。

2003年,中信建设在世界第一双塔斜拉桥——香港昂船洲大桥项目投标中,在与日本三菱公司组成的联合体中,只占10%的份额。

2004年,造价40亿美元的迪拜轻轨项目中,中信建设牵头组织7家中国公司前去投标。中信建设在与西门子等国际大公司组成的联合体中,份额占到33%。

随后的一系列全球招标项目中,中信国华的中标份额逐渐扩大。北京国家体育场"鸟巢"的全球招标中,中信集团在长标联合体中的份额,上升到65%,成为联合体的牵头方。因为工程规模大、结构复杂、施工困难,英国建筑专业杂志将这个2008年北京奥运会主会场评选为"令人惊异的世界十大建筑工程"之一。而这次阿尔及利亚东西高速公路项目招标,"中信-中铁建联营体"中标阿高速公路62.5亿美元超大型工程的壮举,必将写入中国对外承包工程的辉煌历史长卷。

中信集团副总经理兼中信建设董事长李士林介绍说:中标后,阿方业主解释了选择中信的理由,除了其出色的项目实施方案外,还有三个重要原因,一是中信-中铁建联合体具有整合组织国内外资源的强大能力;二是中信-中铁建联合体在投标文件中明确承诺,将培训当地工人,提供当地就业机会及帮助提高当地公司项目实施的能力。不是挣完钱就走人,而是本着互惠互利的原则,大力提高当地分包项目的工程企业以及员工的施工技术能力;三是中信公司在项目前期就为业主做了大量的技术支持工作,提供了包括BOT、BT以及融资+EPC等多种菜单式的项目实施模式供业主选择。所有这些贡献,受到了业主的高度赞扬。

近几年来,国际工程承包市场出现了新的变化:一是承发包方式发生深刻变化,利润中心转移;二是管理方式科学化、信息化、规范化;三是产业分工深化,重新定位,行业整合加快;四是融资能力成为市场竞争的关键因素。同时,经过二十年的高速发展,我国综合国力和国际地位迅速提高,国家提出的"走出去"战略和"资源战略"又使对外承包企业面临着前所未有的发展机遇。经济全球化和区域经济合作一体化趋势深入发展,加快了资金、技术、劳动力、信息等生产要素配置的全球化,推动了经济技术交流与合作。受经济全球化的影响,加上国际工程承发包方式的变化,国际工程承包领域的分工与合作也在不断深化。承包商、设计咨询师、设备材料供应商等各行业之间的合作关系日益紧密,承包商之间的分工与合作也不断加强。

为此,中信建设审时度势,通过对企业内外环境的分析,确立了企业的发展战略:紧紧把握行业发展趋势,以加入世贸组织为契机,以管理制度创新和技术创新为手段,在国家"走出去"和"大经贸"的战略框架中构筑自身的市场发展战略。他们提出了"充分发挥中信集团优势;科学管理,创造精品;树立品牌,规模经营;成为国内外工程承包领域中顾客满意、员工自豪的大型国际工程承包公司"的发展战略。公司在管理模式和管理手段上进行了大刀阔斧的改革和创新,重新架构企业组织形式,再造业务流程,并对经营方针和策略进行了及时的调整,提出了"以投融资筹划和为业主进行前期服务为先导取得工程总承包,以总承包带动相关产业发展"的经营方针;确立了"以公司总部为资源中心、经营中心、预算中心和利润中心,项目部为成本中心"的业务管理模式,同时为配合这一管理模式,公司建立了项目监管机制,实行项目预算管理和财务"收支两条线"等一系列制度。公司发展战略、经营方针、管理模式等方面的调整,适应了形势发展的需要,为公司打进国际建筑业高端市场奠定了坚实的基础。

商务部国际合作司司长吴喜林说,中国中信-中铁建联合体此次中标,是国家"走出去"战略和资源战略的进一步落实,有利于充分利用国际、国内两个市场、两种资源,为我国工程承包企业探索出了进入国际高端市场的新模式。同时,对中国工程企业在国际建筑市场做强做大、全面带动中国技术、设备、材料及劳务出口具有深远意义。

中国对外承包工程商会副会长刁春和说:"这是新中国成立以来,我国拿到的最大海外工程项目。此前,中国国际工程承包单项合同,尚未超过20亿美元。这次中信集团签署的不是简单的施工承包合同。而是包括设计、建造在内的按照欧洲规范、欧洲标准的一揽子'交钥匙'合同,这标志着,中国国际工程承包真正进入了国际第一梯队。"

中外建造师制度比较探微

◆ 江慧成

一、引言

《建造师》第1、2期（中国建筑工业出版社ISBN 7-112-07763-x、ISBN 7-112-08029-0）拿出较大篇幅对国外建造师制度的概况进行了介绍，对我国建造师制度发展的历程进行了回顾，对中外建造师制度进行了比较，同时还对我国建造师制度发展的不同方面进行了探讨和研究。文章有助于我们对国外建造师制度进行较为系统和全面的了解，也有助于我们对中外建造师制度的异同进行初步认识。但同时也觉得有些问题如梗在喉，不吐不快，以英国的建造师为例：

（1）英国的建造师不需要考试，我国的是否也可以不用考试；

（2）英国的建造师不分专业，我国的建造师为什么要分专业；

（3）英国有较好的个人执业信用体系，我国将如何建立个人执业信用体系等。

本文以借鉴国外经验，完善我国建造师的评价体系，提高建造师执业资格的考试质量，构建我国建造师执业信用体系为目的，从我国国情出发，对中外建造师管理体制和评价体系进行了比较深入的分析，探究中外建造师制度产生差异的深层原因，探究我国建造师制度建设的科学性和合理性，分析我国建造师制度完善、发展过程中的重点问题和难点问题，最后为我国建造师制度的完善和发展提出了意见和建议。

二、国情比较

我国建造师制度的建立和发展借鉴了国外的经验，但与国外相比又有很大的差别。由于英国建造师制度具有较强的代表性，又与我国建造师制度的差别比较大，所以本文将以英国建造师制度为例进行比较和分析。

1. 管理体制比较

建造师制度源于英国，至今已有170多年的历史。英国对建造师进行管理的政府部门是英国贸易与工业部（简称DTI），但它不直接管理建筑业各类人员执业资格。英国执业资格都由相应的学会负责，并根据学会章程对会员进行管理，执业资格设置的有关情况由学会向政府设置的资格管理机构（Qualification Curriculum Authority，简称QCA）报告。英国的执业资格不是强制性的，不取得执业资格也可以从事相关的工作，但是在业主选择时需要经过多项复杂的考察手续，取得执业资格的人员在社会上信誉好，从业比较容易。

建造师在我国属专业技术人员系列，由人事行政主管部门和建设行政主管部门共同管理。建造师执业资格考试是一种强制性的准入性考试，这项制度由国家人事部、建设部共同设立。由于交通部、铁道部、水利部、信息产业部、国家民航总局等国务院有关部委也履行全国行业建设行政监督、管理的职能，所以在建造师业务管理方面，我国形成了以建设部为主、有关部委为辅的管理格局。注册建造师的地位是由政府确立的：《国务院关于取消第二批行政审批项目和改变一批行政审批项目管理方式的决定》（国发〔2003〕5号）规定："取消建筑施工企业项目经理资质核准，由注册建造师代替，并设立过渡期"，《关于建筑业企业项目经理资质管理制度向建造师执业资格制度过渡有关问题的通知》（建市〔2003〕86号）规定了过渡期的有关问题，并明确："过渡期满后，大、中型工程项目施工的项目经理必须由取得建造师注册证书的人员担任；但取得建造师注册证书的人员是否担任工程项目施工的项目经理，由企业自主决定。"在我国，建造师执业资格不仅仅是一种个人执业的资格，它还跟企业的资质紧密相关。政府在工程建设关键岗位上实施建造师执业资格制度，是政府进一步保障公共安全、公共利益的行政手段，是政府对社会负责的体现。为此，政府承担了更多的，也是非常重要的管理和监督责任，同时社会也对政府有了更多的监督和评价的要求。

2. 从业人员现状比较

在英国大学毕业后，只要满足了被有关学会认可的专业教育背景，满足了被认可的从业经历并通过考核就可以成为建造师。目前,英国建筑业人数约150万人,英国特许建造学会拥有42000名个人会员,超过8000名是在英国本土之外的国际会员。

我国目前共有施工企业10多万家,从业人员4000多万人,具有建筑施工企业项目经理资质证书的人员100多万,其中具有一级项目经理资质证书的有13万多人。具有建筑施工企业项目经理资质证书的人员在相当长的时期内仍将是我国施工项目管理的主要力量,当然过渡期满后需要取得建造师注册证书方能执业。我国实行建造师执业资格制度既是制度的创新,也是对建筑业企业项目经理资质管理制度的继承和发展。我国建筑业从业人员的现状是规模庞大,同时具有学历总体偏低、专业教育背景复杂、后学历教育普遍的特点。从业人员的现状是我国建造师执业资格制度建立、完善和发展中必须考虑的因素。

3.信用体系比较

受整个社会信用体系的影响,尽管国外建造师不分专业,但他们一般都不跨专业执业,英国建造师更是如此。由于英国建造师的执业资格不是强制性的,而且它具有比较成熟和完善的管理体系,学会本身具有比较好的信誉,所以它的会员也就具有了较好的信用。

政府考试、监督、管理的信誉和个人执业的信用是建造师执业资格信用体系的重要组成部分。由于我国建造师制度刚刚建立,建造师执业资格的信用体系尚在建立之中,因此需要搭建一个共同的平台来构建和完善我国建造师执业资格的信用体系。

管理体制、从业人员的现状等代表了我们的国情,决定了我国建造师执业资格制度的特点,决定了我国建造师执业资格制度建立、完善和发展中的艰巨性和复杂性,同时也决定了我国建造师执业资格制度需要在完善中发展,更需要在发展中完善。

三、评价体系的比较与分析

评价体系由评价方式、评价内容和评价实施等组成。它关系到评价的效率、评价的质量和评价的信誉等,它是建造师制度建设的基石,也是建造师制度建设的核心。

1.评价方式的比较与分析

以英国为代表的实行的是考核制度,我国实行的则是考核与考试相结合的制度。考核的特点是对每个个体进行单独评价,评价的针对性比较强,但评价的效率比较低。考试的特点是评价的效率比较高,公平性好,但不对每个个体进行单独评价,其针对性相对较差。从评价的效果来看两者也具有可比性,主要取决于评价内容、评价组织和评价实施三个方面。

我国建造师执业资格制度是对建筑业企业项目经理资质管理制度的继承和发展,在持有项目经理资质证书的从业人员中,有一部分具有较高的理论水平和丰富的实践经验,并取得了比较突出的业绩。鉴于这些情况,人事部、建设部在实行建造师执业资格考试制度之前对符合规定学历、职称、从业年限、业绩和职业道德等条件的从业人员,进行了一次执业资格的考核认定工作,产生了我国第一批建造师。考试实施之后,从业人员必须通过规定的考试才能取得建造师执业资格证书。我国从业人员学历教育背景的复杂性以及从业人员的庞大规模,决定了我国建造师执业资格启动后必须实行考试制度,实行考核与考试相结合的制度是符合我国国情的。另外,前两次全国一级建造师执业资格考试的报考人数都在30万左右,不考虑评价的公平性,仅就这样的规模而言,在我国实行CIOB的面试方式进行评价几乎就是不可能的。

2.评价内容的比较与分析

要想成为英国建造师(CIOB会员),需要经过学历、专业教育背景、从业经历的认定等程序。据英国皇家特许建造学会(CIOB)高级咨询Andrew Hollway先生介绍,申请者必须是具有CIOB评估过的建筑类大学学士学位,具有3年的实践经验,在实际工作中通过CIOB的职业开发项目(PDP)训练,提交一份2000字左右的工作汇报,并要通过CIOB专家组织的专业面试。在报告和面试中应试者要符合CIOB的要求,体现出管理中的能力,体现出良好的职业道德。

要想成为中国建造师需要具有规定的学历、专业教育背景、从业年限,并通过规定的执业资格考试。以一级建造师执业资格考试为例,需要具有国家承认的工程或工程经济类大学专科学历(最低学历要求),同时满足工作满6年、从事施工管理满4年的报考条件,并通过国家组织的建设工程经济、建设工程项目管理、建设工程法规及相关知识、专业工程管理与实务的统一考试。其中专业工程管理与实务分:房屋建筑工程、公路工程、铁路工程、民航机场工程、港口与航道工程、水利水电工程、电力工程、矿山工程、冶炼工程、石油化工工程、市政公用工程、通信与广电工程、机电安装工程、装饰装修工程共14个专业,对符合一定条件的应考人员还可以免考部分科目。我国二级建造师执业资格考试设:建设工程施工管理、建设工程法规及相关知识、专业工程管理与实务三个科目。其中,专业工程管理与实务分10个专业：房屋建筑工程、公路工程、水利水电工程、电力工程、矿山工程、冶炼工程、石油化工工程、市政公用工程、机电安装工程、装饰装修工程。我国建造师执业资格考试的报名条件、考试内容参考了国外建造师的评价要求，并充分考虑了我国的国情。

(1)学历与从业年限

英国建造师的入门标准是本科毕业且具有3年的实践经验，我国一级建造师执业资格考试报名的条件是：大专学历，工作满6年，其中从事施工管理满4年；本科学历，工作满4年，其中从事施工管理满3年等。我国一级建造师执业资格考试的最低学历定位不是中专，也不是本科，而是大专，既考虑了我国的实际情况，也考虑了国际接轨的要求。同时由于施工行业后学历教育的现象比较普遍，所以工作年限及施工管理年限没有限定取得相应学历后的规定年限，而是学历前、学历后的工作年限和施工管理年限可以累加计算。入门从业年限的规定是国际通行的做法，是保证有关人员确有实践经验的措施之一。我国二级建造师执业资格考试报名的最低学历定位是中等专业学历教育，这一规定充分考虑了我国施工企业二级项目经理的教育现状。

(2)级别划分

英国建造师分两个等级：会员(Member)MCIOB、资深会员(Fellow)FCIOB，具有5年MCIOB资格的高级管理人员可以获得FCIOB资格。中国建造师分两级：一级建造师、二级建造师，一级和二级是独立的考试大纲，且一、二级之间没有"晋升"关系。从形式上来看，中国建造师与英国建造师的级别划分大体相当，但实质上两者有很大的区别。

英国建造师的评价、管理等都由CIOB统一实施，会员和资深会员在执业的地域方面没有限制。中国的一级建造师实行的是全国统一考试大纲、统一命题、统一考试，国家注册、全国有效；二级建造师则是全国统一考试大纲，地方可以自行组织命题、组织考试并确定合格标准，地方注册、注册区域内有效，二级的管理权限在地方。

(3)专业划分

英国建造师不分专业，我国一级建造师分14个专业，二级建造师分10个专业。专业划分是我国建造师区别于英国建造师的显著特点，专业划分主要与评价方式有关，影响的主要是执业范围。英国建造师实行的是对每个个体考核的方式，所以从评价的角度来看，是否分专业对英国建造师的评价质量不会造成影响，同时加入CIOB是一种自愿行为，在实际工程项目中主要看个人以往的工作经验和业绩，如果没有相关经历在实际中很难得到认可，所以一般不存在跨专业执业的情况。中国建造师实行的是考试制度，分专业考试针对性要强，效度要好。建造师的定位是以技术为基础的管理岗，无论从大纲的编写方面来看，还是从考试的质量方面来看，分专业要比不分专业好。当然，分专业考试也就决定了注册建造师必须在注册专业范围内进行执业。专业划分存在的主要问题是如何划分、分多少的问题，专业划分越细执业的范围就会越窄。我国建造师目前的专业划分考虑了工程的专业性质、现行管理体制及建筑业企业总包资质专业划分的因素等，个别专业的设置不尽科学。随着建造师制度的发展和完善，专业设置也必然向更加科学、更加合理的方向发展。

(4)知识结构与能力要求

知识结构与能力要求，中国一级建造师执业资格考试要求应试者具有工程或工程经济类大学专科学历以上的教育背景，具有一定的实践经验，并需要通过《建设工程经济》、《建设工程项目管理》、《建设工程法规及相关知识》、《专业工程管理与实务》四个科目(符合免考条件的可以免试部分科目)的考试。在知识与能力要求方面与国外大本相当，所不同的是英国对知识和能力的要求是通过对所受教育的评估和面试等手段实现的。

(5)免考规定

免考规定是针对考试而言的。我国建造师执业资格考试的免考有三种情形：第一、在建造师执业资格考试实施之前，对符合一定条件的从业人员进行执业资格考核认定(见:《建造师执业资格考核认定办法》国人部发〔2004〕16号)，通过认定的人员不参加考试直接获得一级建造师执业资格证书。第二、对于符合一定条件的应试人员可以免考《建设工程经济》和《建设工程项目管理》两个科目。第三、对于已经取得某专业一级建造师执业资格证书的应试人员，可以只参加《专业工程管理与实务》科目的考试。这些规定丰富了人才选拔的方式，增强了考试的科学性和合理性，弥补了专业划分过细的不足。

3.评价实施的比较与分析

在英国是否进行建造师资格认定，也就是是否需要接受有关组织的评价，是一种自愿行为，不取得资格也可以在相关领域内进行执业。英、美等发达国家的建造师大都由行业学会（或协会）实施评价和管理，政府予以确认。正如前面所说的，我国建造师执业资格考试是一种准入性的强制性考试，不取得执业资格不允许在相应岗位上进行执业，一级考试由国家统一组织实施,二级考试由各省、自治区、直辖市组织并实施。

4.有待完善的方面

我国建造师执业资格考试的条件、内容与国外建造师考核(考试)的条件、内容大体相当。从总体上来看,我国建造师制度的构架、体系基本是科学的、合理的。我国实行建造师执业资格制度有助于提高施工企业项目经理的素质和管理水平。按照原建筑业企业项目经理资质管理制度的规定,施工企业项目经理取得资格证书主要是以参加培训为前提,对其专业学历则基本无甚要求;项目经理的培训仅288学时,而且并非实行严格的考试制度。因此,施工企业项目经理的素质和管理水平参差不齐。尽管项目经理大多具有较丰富的施工现场经验,但从总体上看,其专业理论水平和文化程度偏低,一些项目经理实际上只有中小学文化程度。不可否认,对施工企业项目经理实行严格的考试和注册的建造师执业资格制度,有利于其整体素质和管理水平的提高。当然,由于我国建造师制度刚刚建立,在管理体制和评价体系方面尚有一些方面有待完善和进一步提高。

(1)一、二级管理体制方面

我国一级建造师是全国统一考试大纲、统一命题、统一考试、统一合格标准,执业资格证书全国有效,二级建造师是全国统一考试大纲,地方可以自行命题并组织考试,自行确定考试合格标准,执业资格证书在所在区域有效。二级考试面临的最大问题是考试成本问题和流动问题。尽管目前已经采取了一些措施,比如建设部为各地提供命题服务,该服务只是降低了命题成本,但统一合格标准、全国流动等问题并没有从根本上解决。

(2)专业划分方面

从总体上来看我国建造师的专业设置偏多,在专业划分标准方面也不尽统一。专业划分一方面考虑工程的专业特性;另一方面还考虑了建筑业企业总包资质专业划分的因素;再一方面,也是很重要的一方面,那就是考虑我国现行工程建设的管理体制。这样的划分导致了有的专业有其专业特性,有的专业则完全是不同专业的综合体,还有的专业其需量和规模非常小,但同时又是不同专业的综合体。这样的特点决定了有的专业考试质量难以提高,有的专业的考试成本非常高,有的专业又具有这双重不利因素。

(3)考试质量方面

考试质量是建造师执业资格考试制度灵魂。通过对首次考试的抽样调查和统计分析来看,建造师首次考试是成功的,质量是基本满意的。但从长远来看,从考知识,尤其是重视解决实际问题能力要求方面来看,建造师考试质量的提高仍然是一个长期的话题。考试质量的提高有其艰巨性和复杂性。

(4)注册与执业管理方面

我国经过考核认定和首次考试的建造师均已产生,目前面临的紧迫任务是建造师的注册与执业管理。注册与执业管理是政府有关部门的事情,但监督就不仅仅是政府的事情了,对注册人士及政府管理部门的监督是社会和公众的权利。注册与执业管理方面需要在充分发挥社会的监督作用和市场的选择作用方面和建立个人执业信用体系方面进行探索和实践。

(5)继续教育方面

继续教育也是建造师制度建设中急需完善的一项重要内容。教育的内容、教育的标准、教育的机构等都是目前需要明确并解决的问题。

四、意见和建议

评价体系的完善和个人执业信用体系的建立是我国建造师制度建设的主要内容。评价体系是一个动态的系统,不光包括考试评价,还包括执业评价和继续教育评价等。考试评价由政府组织和实施,执业评价、继续教育评价则是由政府和社会共同完成,各环节既有肯定功能也有否定功能,否定功能也就是淘汰功能。评价内容的正确性、科学性和实用性,评价手段的可行性将直接关系到评价的质量。个人执业信用体系的建立是对评价体系的重要补充和完善。评价体系的完善可以促进个人执业信用体系的建立,个人执业信用体系的建立也有助于弥补评价体系的不足。

1.评价体系完善

(1)提高考试质量

提高考试质量是这项制度建设的永远主题。大纲是命题的依据,所以大纲的质量、命题的质量关系到考试质量。科目设置、专业划分等结构性问题以及知识点的正确性、科学性、实用性以及命题考试的可行性是大纲质量的组成要素,这些方面都有进一步完善的必要。从大纲本身来说,目前影响考试质量的主要是专业划分问题。因为,专业划分越细,目标的针对性相对就强些,考试的效度相对就高些;专业划分越粗,目标的针对性相对就差些,考试的效度相对就低一些。专业划分越粗,大纲的编写难度以及命题的难度就会增强。所以,未来专业合并或调整应主要考虑工程的专业性质,这样才能提高大纲的可行性。有了正确、科学、实用、可行的考试大纲,提高考试质量的关键就是命题质量。由于建造师考试刚刚起步，在命题质量方面尚显不足，这里既有题型、题量的因素，更有命题经验的因素。建议在题型、题量以及命题专家队伍的建设方面加强研究，进行改革和建设。

(2) 搞好注册与执业管理

在建造师的注册与执业管理方面建议改变传统的管理模式，实施信息化管理。在监督管理过程中不仅要为政府的管理监督创造条件，更要为社会监督提供平台，便结果管理为过程监督，充分发挥社会的监督作用，从而为市场的选择、淘汰创造条件。

(3) 加强继续教育

教育功能是评价体系的重要功能，继续教育是对注册人员的动态评价。继续教育也应有教育大纲、教育标准、教育计划以及教育的实施机构。监督管理部门还应对教育实施机构进行有效监督，从而保证继续教育的质量。从内容上来说，不仅要进行新技术、新知识、新法规、新标准、新能力的补充，还应提供技术、知识、能力拓宽的选择。既有必修教育，也应该有自选教育。因为考试大纲注重的是共性的技术、共性的知识，比较专业化的技术和知识也应在继续教育可选的范围之内。这样才能保证执业人所具有的技术、知识与他可执业的范围大体相当。这样继续教育才能更好地为执业服务。

(4) 一、二级管理体制的完善

我国一、二级建造师的管理体制不同，考虑到地区发展的不平衡，在建造师制度的起步阶段有其合理性。但随着发展，二级建造师实行全国统一考试大纲，各地自行组织命题和考试，自行确定合格标准，取得的资格证书在所在行政区域内有效的规定逐步暴露了其局限性。统一大纲、统一命题、统一组织考试、统一合格标准、统一执业要求，实行执业资格证书全国有效是发展的趋势和必然。全国统一管理不仅可以解决考试成本和全国流动问题，还可以实现全国共享注册、执业等相关信息，有利于执业信用体系的建立。

科学、有效的评价体系不仅要具有评价功能，还要具有淘汰功能、教育功能、指导功能和发展功能，需要在实践中不断调整和完善，使之更科学、更合理、更有效。评价体系的建设将直接影响建造师的质量和建造师的信誉。

2. 个人执业信用体系的建立

个人执业信用体系建设是建造师制度建设的重要组成部分，是社会化评价的重要途径，是对评价体系的重要补充。社会不能有效监督，市场难以有效选择和淘汰，主要是因为个人注册信息、执业信息等不公开、不对称造成的。如果搭建一个社会化的信息平台，社会就可以随时了解每个注册人员的注册信息、执业动态和业绩档案等，就可以更好地发挥社会的监督作用和市场的选择作用。这个平台希望在建造师注册起步阶段就开始搭建，实现信息公开、信息积累，以促进执业信用体系的建立。建造师执业信用体系建设的起步阶段，需要政府发挥重要的推动作用，体系成熟阶段则主要发挥社会和考市场的推动和约束作用。拒绝在社会化信息平台上公开有关信息并及时记录有关信息的注册人员，可能就会很难得到社会和市场的认可。那时，个人信用体系的建设将由个人被动建设阶段发展到个人主动建设阶段。

3. 发挥行业组织的作用

国外建造师都有自己的行业组织，实行的是行业自律，政府监督的管理模式。该组织不仅有评价功能，还有教育功能和研究功能。我国建造师没有自己的行业组织，目前实行的是政府直接(或委托)管理。建造师执业资格制度建设是一个复杂的系统工程，需要不断地进行研究和完善。在这方面，要充分利用有关行业组织的专家资源，发挥行业组织的积极作用，不断研究建造师制度建立和发展中的有关问题，为政府提供科学、可行的决策依据。

4. 国际互认问题

从我国一级建造师执业资格考试的学历、工作年限以及考试大纲等方面来看，我国一级建造师的条件与英、美等发达国家的条件大体相当，具备了互认的基础。加紧研究互认的技术问题既可以为我国建造师走出去创造条件，也可以为完善我国建造师制度提供更加详实的参考依据。

五、结语

如前所述，建造师执业资格制度建设是一个复杂的系统工程。在系统建设中既要借鉴国外的先进经验，也要结合我国的实际情况，要充分认识到系统建设的复杂性和艰巨性，要保证制度建设向着平稳、科学和可行的方向正确发展。

参考文献：

[1] 英国、西班牙、法国建造师执业资格制度.《建造师》,2005.1.P34.

[2] 国际建造师学会及美国的建造师执业资格制度.《建造师》2005.1.P39.

[3] 缪长江.我国实行建造师执业资格制度的发展历程.《建造师》2005.1.P1.

[4] 江慧成.一级建造师执业管理探讨.《建造师》2005.1.P117.

[5] 迈克·布郎,刘梦娇.英国特许建造学会的专业资格、教育框架以及国际认可.《建造师》2006.2.P27.

在探索和实践中解决制度建设问题
——北京市一级建造师座谈会侧记

◆ 本刊记者 董子华 张礼庆

"您认为目前一级建造师执业资格考试试题的题型、题量、难易度怎样？""您认为注册建造师的继续教育、培训如何管理？""您认为注册建造师的注册证书由企业还是建造师本人管理比较合适？""您认为《建造师》杂志还应该在哪些方面改进？"

实实在在的26个问题，摆在了"北京一级建造师座谈会"近40位与会代表的面前。

这次座谈会是由中国建筑工业出版社《建造师》杂志编辑部和北京市建筑业执业资格注册中心共同主办的。中国建筑工业出版社总编辑沈元勤、建设部建筑市场管理司缪长江同志、北京市建筑业执业资格注册中心副主任武雁、英国皇家特许建造师学会中国区经理刘梦娇以及北京交通大学经理管理学院工商管理系主任刘伊生、北京建筑工程学院经济与管理工程学院院长何佰洲、京津轨道工程副总指挥何孝贵、中国安装协会顾问王清训等有关专家出席了座谈会。

座谈会由中国建筑工业出版社总编辑沈元勤主持。

缪长江首先介绍了我国建造师执业制度建设及考试工作的基本情况。他说，建造师在我国属专业技术人员系列，由人事行政主管部门和建设行政主管部门共同管理。建造师执业资格考试是一种强制性的准入性考试，这项制度由国家人事部、建设部共同设立。由于交通部、铁道部、水利部、信息产业部、国家民航总局等国务院有关部委也履行全国行业建设行政监督、管理的职能，所以在建造师管理工作方面，我国形成了以建设部为主有关部委为辅的管理格局。注册建造师的地位是由政府确立的。《国务院关于取消第二批行政审批项目和改变一批行政审批项目管理方式的决定》（国发[2003]5号）规定："取消建筑施工企业项目经理资质核准，由注册建造师代替，并设立过渡期"。《关于建筑业企业项目经理资质管理制度向建造师执业资格制度过渡有关问题的通知》（建市[2003]86号）规定了过渡期的有关问题，并明确："过渡期满后，大、中型工程项目施工的项目经理必须由取得建造师注册证书的人员担任；但取得建造师注册证书的人员是否担任工程项目施工的项目经理，由企业自主决定。"在我国，建造师执业资格不仅仅是一种个人执业资格，它还跟企业的资质紧密相关。政府在工程建设关键岗位上实施建造师执业资格制度，是政府进一步保障公共安全、公共利益的行政手段，是政府对社会负责的体现。缪长江希望大家畅所欲言，就建造师制度建设和考试中的问题在座谈中都摆出来，大家共同研讨解决方略。

有代表在发言中说，他们所在的公司，去年参加一级建造师考试的一线项目经理通过得很少，而在公司机关做有关业务工作的人员通过得较多。而有些在机关工作的人通过了考试，可他不愿到基层去工作，对企业和个人来说，都是损失。希望今后建造师考试和命题，要向长期在生产一线的经营管理人员特别是项目经理倾斜。

有代表说，目前在岗位上的项目经

理大多在50岁上下,这些人有长期的、丰富的施工管理经验,是企业的中坚力量。但他们一般文化水平较低,工作又紧张繁忙,拿不出更多的时间和精力参加培训。如果这些人拿不到建造师证书,对企业和行业来说,可能会出现一个断层。因此,对这些人的培训和考试,是不是可以有一个特殊倾斜政策。

北京交通大学经理管理学院工商管理系主任、刘伊生教授在回答这个问题时说,不可否认,笔试本身是有弊端的。一般来说,笔试只能解决公平和公正问题,不可能解决全部能力问题。通过了考试的人,获得建造师执业资格,不一定有能力担任生产一线的项目经理。但是,鉴于我国目前的具体情况,执业资格考试是必要的。有人说,"卷子总比条子好",就是这个道理。生产一线的项目经理通过得少,原因也是多方面的。一些同志长期在施工一线,工作比较忙,年纪比较大,对考试在心理上存在畏惧情绪,主观上努力不够。对这些同志,我们还要多做一些宣传、辅导和培训工作。当然,考试是文字表达,文字表达是有技巧的。这些都是需要认真地参加学习和培训的,对谁都是一样。

目前,有这样一种误解,通过了考试,获得建造师执业资格,就可以担任项目经理。这是一种误解。通过了考试,不一定就能获得建造师执业资格。建造师执业资格是有条件的。获得建造师执业资格,也不一定就能当项目经理。能不能当项目经理,是企业决定的事。建造师执业资格考试,只解决市场准入问题。能力问题,更多的留给继续教育去解决,留给企业去决定。

当然,我们的考试形式还要继续探索,也要有创新。去年我们在香港考察,他们就是考试和考核结合的。考核就给四天时间。第一天布置题目,一个工程改造。参加考核的人员拿到图纸和要求,到现场实地拍照、录像、画图,然后回去做。第四天答辩。每个人都带十七八个图版,有工程预算、进度、投资回收计划等等。当然,他可以找人做,但是,现场的考官就有3个,30分钟的英文答辩却是没人能替代的。他们的这种方式就能较好的解决能力的考核问题。但我们现在学不了。那次他们参加考试的人一共只有125人,考官就有128人。我们去年参加一级建造师考试的人达27万左右,今年可能还要多。当然,我们在能力考核方面还要继续探索、创新,要最大限度的让有实践经验又有一定理论基础的人能够通过。

京津轨道工程副总指挥何孝贵说,在命题过程中,人事部、建设部有关领导一再指示,建造师的考试和命题,要充分考虑建造师定位以及建筑业量大面广的广大施工管理人员时间紧、任务重、脱产培训难的实际情况。通过考试,要尽量使那些即具有理论水平又有实践经验的优秀人才脱颖而出。尽量避免"会干不会考,会考不会干"的情况出现。铁路工程建设方面的专家组成员,命题组一共7个人,除1人较长时间在院校工作外,其他6位同志都是长期在施工生产一线工作的专家。试题涉及的案例,大部分是他们从施工一线精选出来的,有的还是他们亲身经历的。去年考试过后,一些考生总的感觉考题难易适中。有一定实践经验,又经过认真看书学习,一般都能通过。

中国安装协会顾问王清训说,从阅卷中的情况看,感到大体上有三种情况:一是只有理论知识,基本上没有现场经验的,案例题他就做不了,扣不住要点;二是有施工现场经验,又经过认真的复习培训,思路很清晰,能看出来,考过一般是没问题的;三是长期在施工一线,有经验,但没有很好的看书,没有参加培训,方法又不得当,就很难考过去。建造师是建设工程的综合管理师,需要多方面的综合知识、理论基础和实践能力,标准是不能降低的。我们一些长期在一线工作的项目经理,要想通过考试,必须认真学习有关理论和书籍,认真参加培训。只要掌握了基本的理论基础,又有扎实的实践经验,我认为,一般都能考过。

英国皇家特许建造师学会中国区经理刘梦娇在发言中介绍了英国的做法。她说,英国建筑业从业人员一共才100多万,不如我们国家一个省多。所以他们的建造师实行的是资格预审加面试制度。执行这一制度的前提是考试的人相对较少。他们也有笔试。参加笔试的人一般都是没有相应学历的人。而有学历的人主要是通过资格预审加面试的方法取得职业资格。我们国家的现状决定了我们目前只能采取全国统一考试加执业资格注册的方式,最后由企业决定使用问题。

缪长江说,去年全国报考一级建造师执业资格考试的大约是28.1万人,各专业平均合格率约是29%。14个专业的通过率大体上是平衡的。在14个专业中,考4科的合格率约是27%,考2科(符合免试部分科目)的合格率约是48%。从总体上来看,全首次一级建造师执业资格启动是平稳的,考试是成功的。

建造师执业资格制度建设是一个系统工程。从完善建造师执业资格制度建设和提高考试质量的角度来看,还有许多需要完善和改进的地方。应该说,我们的建造师考试和命题工作还在探索中。通过探索和实践,我们就是要解决"会干不会考,会考不会干"的问题,就是要让那些真正有实践经验，能够在施工一线当项目经理，承担总承包任务的人通过考试，而把那些没有实践经验，会考不会干的"纯考试的人"挡在门外。所以去年我们报的部级科研题目是《一级建造师执业资格考试命题模式研究》。今年一级建造师的法规考试我们就探索如何实现客观题主观化，强调既有理论知识又有实践能力。所以有人说，今年的考试法规题偏难，客观题不是客观题，主观题不是主观题，让那些靠死记硬背的考生很难回答。当然，这些问题我们还没有很好解决，还在探索之中。

今年一级建造师报考的可能要突破30万人。英国的办法、香港的办法我们一时还学不了。这个问题，我们要留给资格注册、留给继续教育、留给企业去解决。所以资格注册我们就增加了一些限制条件，并不是通过考试就一定能注册，而是必须要有工作经历、相关业绩和证明材料。

有代表在发言中说，继续教育对于建造师来说，非常重要。但我们在企业一线工作，工作任务繁忙，时间没有保证。希望企业能有专人负责这一工作。如果能搞网络教育，可能比较适合。希望《建造师》杂志能搞一个网络版，大家能在网上交流。《建造师》杂志搞建造师俱乐部这一形式很好，俱乐部不定期开展活动，组织参观考察，案例交流，相互学习提高。《建造师》杂志办得很好，很及时。希望今后多刊载一些基层建造师的文章，多刊载一些好的工程案例。

有代表在发言中说，继续教育和培训工作非常重要，目前一些市场上的培训班良莠不齐，政府和有关部门要加强宏观指导。要通过继续教育和培训工作，促使和鼓励施工一线的项目经理参加学习培训，提高他们的自身素质和管理水平。

中国建筑工业出版社总编辑沈元勤在发言中说，感谢大家对我们的鼓励和支持。由于《建造师》杂志还处于初创期，还达不到大家的要求。下一步我们将集中大家的意见和智慧，把杂志办好。目前"建造师网站"已有我们的网络版，希望大家点击和投稿。我们下一步还要把建造师俱乐部活动开展起来，希望大家踊跃参加。

缪长江说，《注册建造师管理规定》日前已经定稿，最近就要发到各地、各部门以及网上征求意见。预计今年4季度将开始注册工作。建造师的执业注册期是3年。3年后要重新注册，重新注册的必要条件是接受必要的继续教育。继续教育有必修课和选修课。负责继续教育工作的每个专业都有一个主管部门。例如房建，是中国建筑业协会、中国建筑装饰协会和中建总公司。

目前一些市场上的培训班良莠不齐问题，我们也注意到了。但建造师培训的原则是考培分离，政府不能干预太深。我建议大家参加培训，去找继续教育专业主管部门办的培训班。

关于继续教育网络化问题，在操作上还要探讨。《建造师》杂志办网络版，这个思路很好。希望大家多支持《建造师》杂志，把他真正办成建造师之家。

有代表在发言中说，我们国家开始实行项目经理制度的时候，管理和审查得比较严，但以后就放松了。其他方面的考核认证也是如此。有一年我一年考下来6个证。希望建造师执业认证注册要严格把关，不能降低门槛，促进我国建造师素质的提高，与国际接轨。

有代表在发言中说，为了鼓励企业经营管理人员和一线项目经理参加建造师考试，企业从工作上、时间上以及相关费用上都给予了很大的投入，因此，建造师证和执业章应该由企业保管。不然的话，有些人拿到证就要求调走，对企业造成损失，市场也会被搅乱。

有代表反对上述意见，认为与国际接轨的建造执业师资格注册制度就是要鼓励合理的人才流动的。而建造师证和执业章由企业保管，将不利于企业间人才的流动。企业要留住人才，关键在于事业留人，待遇留人和感情留人。

缪长江在回答上述问题时说，建造师注册实行"双准入"制度。就是说，建造师注册，不是个人直接注册，而是要依附一个企业去注册。建造师注册后，将拿到一个执业证书。一个执业专用章。为了加强管理，建立建造师的信用档案是必要的。信用档案应包括建造师个人简历、业绩、诚信档案等。我们的意见，建造师的执业证书、专用章由个人保管，但要通过企业注册，企业要加强管理。

关于建造师执业认证注册严格把关问题，我们已经注意到了。决不能随意降低门槛。建造师考试17个科目，共有100多专家参与命题工作，为了严格把关，有些科目试卷调整了七八次之多。去年是第一年考试，通过率约29%，基本达到了我们预想的目标。在去年全国新增加的三个执业资格考试中，我们的比例是最低的。从今年开始，有些科目还要调整，从长远看，通过率要有所降低，以确保建造师的素质不断提高，确保与国际接轨。

三个小时的座谈，在紧张、热烈和畅所欲言的气氛中结束。与会人员一致认为，这样的座谈，有利于上下沟通，相互学习交流，希望有关部门和《建造师》杂志多组织这样的活动，以推动建造师执业制度的建立和发展。

中国建筑业市场高端竞争力的主要差距与提升途径

◆ 阎长骏　刘亚臣

(1.沈阳建筑大学,沈阳市 110168)

摘　要：根据国际建筑市场的变化与发展趋势,本文从项目的建设模式、采购方式和融资模式三个方面,分析了中国建筑业的市场高端竞争力与国外先进水平的主要差距；通过上述差距的比较分析,提出提升中国建筑业市场高端竞争力的路径与对策。

关键词：建筑市场高端竞争力；建筑市场；项目建设模式；项目采购方式；融资模式

Abstract: Construction enterprises must posses own corn competitiveness in orderto join the competition in high fields of international construction market. Therefore, according to the changes and development tendency of international construction market, this paper analyzes the major gap of corn competitiveness of construction industry between China and developed countries based on project construction model, project procurement models and project financing, and puts forwards the roadmap and strategies to improve the corn competitiveness of Chinese construction industry through the comparison analysis of the gaps mentioned above.

Key words: competitiveness of construction market in high field; construction market; project construction model; project procurement route (PPR); financing model

1 建筑业的市场高端竞争力

自从美国学者普拉哈德与哈默的文章《公司核心竞争力》和《竞争力基础竞争论》在20世纪90年代初发表以来[8],已经有大量的文章论述了企业的核心竞争力,而对行业的核心竞争力却关注不够。就中国建筑业而言,行业的核心竞争力是参与国际建筑市场高端竞争的基础,不仅可以促进企业核心竞争力的形成和提升,也可以为这一进程提供基础和保障。本文分析了中国建筑业市场高端竞争力与国外先进水平的主要差距,并提出缩小这种差距的途径与对策。

建筑业不仅是国民经济的支柱产业,也关系到人类的生存环境、生存质量和社会的可持续发展。建筑业的核心竞争力具有自己的特点,它在很大程度上受建筑市场动态特性的影响。上个世纪七十年代以来,国际建筑市场发生了具有里程碑意义的变化,这种变化的范围和深度,都是前所未有的。世界各国的政府机构、咨询机构及业主等都在对此进行研究,并制订了相应的政策,例如著名的英国 Latham 报告。Richard Fellows(1999)对国际建筑市场进行了广泛的调研,对于业主需求即业主所期望的服务类型的调查结果表明,58%的业主寻求以价值为基础的服务；23%的业主需要以管理为基础的服务；只有12%的业主强调产品(即建筑物)。业主所需求的价值是指投资价值即在满足一定功能的条件下,项目的建设工期、成本和质量的"最佳"组合,它是项目本身的微观价值,同时,项目还具有社会经济价值和对环境的影响。本文主要研究项目的微观价值。这项调研说明,业主的项目采购需求已转向以价值为基础的服务,已经从购买项目本身,发展为购买项目在整个寿命期内的功能与服务。业主需求是建筑市场发展的主要动力之一,研究和借鉴国际建筑市场的经验,对我国建筑业的发展将产生导向作用。

上世纪七十年代,在英国出现的现代设计/建造(Design/Build,简称D/B)模式体现了技术、经济、管理和法规的整合[2],代表了项目设计建造一体化的发展方向,即是工程总承包的基础,也是实现业主投资价值的重要途径。D/B模式的项目责任单一,交付工期短且质量可靠,这些显著的优点要比其所带来的任何附加风险更为重要。目前,国际建筑市场流行的多种建设模式,例如各种交钥匙工程(Turnkey)为代表的系统承包模式,将承包商的利润从简单的工程承包扩展到从设计、施工,到工程的总体设置与实现的全部过程。因此,能够快速建立这种综合承包能力的企业获得了有利的竞争地位。NER(New Engineering Records,新工程记要)的统计数据说明,在国际建筑市场,越来越多的企业形成了建设项目的总承包能力和全方位的价值链创新,国际工程承包中广泛流行的EPC (Engineering Procurement Construction,设计-采购-施工)项目和BOT(Build/Operate/Transfer,建造-运营-移交)模式等,就是这种价值链创新的重要成果。根据NER的统计数据2004年国际建筑市场的营业额从2003年的1398亿美元上升到1675亿美元,增幅达19.8%。2004年中国有49家公司进入国际最大的225家承包商行列,比2003年多了两家,其营业总额为88.3亿美元。中国49家入围公司的总营业额占225家承包商总营业额的5.3%,较2003年下降了0.66个百分点,他们的平均营业额为1.8亿美元,不足225强的平均水平(7.4亿美元)的四分之一。中国唯一进入2004年225强前20名的中国建筑工程总公司只排在第17位[7]。与国外入围公司相比,中国公司的平均规模偏小,这些公司主要还是在传统的房屋建筑和交通等领域承揽工程。国外的入围公司主要在建筑市场的高端承揽工程,即按工程总承包模式承揽工程,以获得巨大的利润空间。他们凭借先进的管理模式、雄厚的技术实力和强大的融资能力,在大型基础设施项目和公共建筑项目上,显示出强大的竞争优势。就企业而言,核心竞争力是将技能、资产和运作机制等有机结合的自组织能力,是企业获得长期稳定的竞争优势的基础。建筑企业的核心竞争力不可能在短时间内形成,它是企业战略目标日积月累的长期实现。核心竞争力本质上是一种垄断性和独享性的经济资源。就建筑业而言,掌握了核心竞争力,就掌握了建筑市场高端竞争的主动权。建筑业的核心竞争力可以保持其在国际建筑市场的竞争活力和强势的竞争地位,它是一种整合多种资源,整和技术、经济、管理和法规以参加建筑市场高端竞争的综合能力,是一种对市场需求变化的快速反应能力,这种能力体现在建筑市场的高端竞争力,即工程总承包能力、项目策划与风险管理能力和项目融资能力等。中国建设部2000年在河北省、上海市和沈阳市进行我国建筑市场改革的试点,改革的内容之一是变革项目建设的组织模式,提倡工程总承包,有条件的要实施BOT项目。2003年2月,建设部在《关于培育发展工程总承包和工程项目管理企业的指导意见》中阐述了工程总承包对提高我国建筑企业核心竞争力和建筑业改革的重大意义,并提出了推行工程总承包的具体措施。用国际通用术语表示,就是要改变我国建筑市场项目采购方式单一的局面,构建合理的建筑企业结构,带动我国建筑业在更高层次上参与国际竞争。

2 中国建筑业市场高端竞争力的差距及其分析

2.1 项目建设模式

在中国建筑市场,业主需求基本上仍然是分别采购项目的设计和建设,采购方式基本是项目的传统建设模式。形成于19世纪初的传统项目建设模式[2],在国外称为D/B/B (Design/Bid/Build,设计/招标/建造)模式,在D/B/B模式下,业主分别采购设计与施工,根据设计文件(施工详图),通过招标投标选择施工总承包商,负责施工管理。从项目价值的角度分析,传统建设模式存在三个主要缺陷:

* "中标靠低价,赢利靠索赔"是传统建设模式的狭隘经验,因为在该模式下,遇到问题时项目各方往往从各自的利益出发,相互推卸责任,而不是合力解决问题,容易导致合同纠纷,一个设计错误将导致数月或更长时间的工期延误,项目的组织结构需要重新设计,以适应项目各方之间的信息交流[4]。

* 传统建设模式只能按设计-招标-施工的路径进行项目建设。设计方在招标前负责整个设计过程,而建造方无权参与。因此,在设计与施工之间形成明显的界面,这是项目建设的主要界面,这一界面可能导致项目各方沟通不良和工程变更、争端和索赔。这些困难在大型复杂的项目建设中表现得尤为突出。

* 传统建设模式不能发挥设计在项目建设中的主导作用,只能进行系统的外部协调与沟通,不利于实现项目的价值。因此,传统建设模式的界面管理对业主是一个严重的挑战。

国际上广为流行的工程总承包消除了设计与施工之间的界面,趋向于阻止未来可能发生的责任不清和索赔,而不是以尽可能低的成本来完成项目。工程总承包可以充分发挥设计在项目建设中的主导作用,实现项目的内部协调与沟通,有效克服设计、采购和施工相互制约和脱节的矛盾。工程总承包可以应用TQM (Total quality management,全面质量管理)进行过程管理,确保在项目实施中,不同分部工程、不同专业和不同工作流程在技术标准和规范等方面的协调统一,合理衔接,有利于实现项目的价值。同时,还可以实施CM(Construction Management,快速路径,这里CM不同于施工管理)模式,快速建造项目。工程总承包是一个内含丰富,外延广泛的概念,以D/B方式为基础的各种承包模式及其变体都属于工程总承包的范畴,它包括D/B方式、交钥匙(Turnkey)工程和设计—采购—施工即EPC(Engineering procurement construction)模式等,而且每种模式又发展为不同的变体,交钥匙工程在美国分为两种,一种是包括承包商为业主进行项目融资(Super turnkey),另一种则不包括承包商为业主进行项目融资(Turnkey)。通过工程总承包,可以带动中国建筑企业由建筑市场的低端竞争(施工承包和劳务分包)转入高端竞争(工程总承包等)。

2.2 项目采购方式

项目采购是从业主的角度出发,以项目为标的,通过招标投标进行"期货"交易,采购决定了承包范围。承包则是从承包商的角度出发,承包从属于采购,服务于采购。项目采购的效果如何与采购方式的选择有着密不可分的关系。采用哪一种承包模式要通过业主采购方式的选择来决定,只有业主才有权决定采购范围。在国际建筑市场,近年来使用传统的建设方式已明显减少,管理方式的使用增长缓慢,设计与建造方式的使用不断增加,分包已经相当普遍[1]。业主对建筑业的要求越来越高,希望建设项目和其建设过程的不确定性不断降低,以可靠地实现项目的价值。同时,业主方希望简化建筑产品购买的组织管理,并希望建筑业提供范围更广的服务。为了适应业主需求的新变化,上世纪七十年代D/B模式开始在英国应用,1968年由C.B.Thomsen等人在美国纽约州立大学提出了CM模式,1984年时任土耳其总理T.Ozal提出了BOT模式。目前,在国际建筑市场,除传统模式外还流行多种其它建设模式,以适应业主的不同采购范围,如D/B方式、EPC模式、CM模式、管理承包MC(Management Contracting)模式和公私合作模式PPP(Public-Private-Partnership)等。这些模式体现了业主的价值需求和工程建设自身的客观规律,反映了国外多年项目管理的成功经验,已得到广泛应用。

业主选择项目建设管理模式的过程,在国际上称为项目采购方式(Project procurement route,简记为PPR)。业主最重要的能力是如何选择PPR,为了获得理想的建筑产品,业主必须进行"采购"。PPR的内涵是组织项目建设的基本模式,它确定了项目建设的基本路径和总体框架。英国Latham报告将PPR称为成功进行项目管理的基石。自1985年以来,国外NETO、Skitmose、Brandon和Frank等机构和学者应用Delphi方法、专家系统、决策矩阵和组织行为学等多种技术对PPR的影响因素、最佳PPR的选择等问题进行了深入的定量分析与研究。例如Singh在1990年提出了项目采购方式定量评估的程序与参数,这些评估参数包括建设速度、项目的复杂性、风险结构、质量要求及报价竞争等[6]。根据建设项目的特点、建设环境和业主的要求,选择合适的项目建设模式已成为国际惯例,PPR已成为国际通用的建设术语和项目前期决策的重要内容[2]。

本文中的"采购"这一术语不是泛指材料和设备的采购,而是指建设项目本身的采购。国际建筑市场的"采购"在国内习惯被称为"发包",不同的术语具有不同的内涵,"发包"一词比较突出计划经济下的指令性色彩,对业主以外的市场主体的参与强调不够,忽视市场经济与自由贸易存在的多样性。业主采购的范围越大,从管理模式和组织模式上为增加项目的价值提供了更大的空间。同时,对承包商的技术、经济和管理水平的要求也越高。承包商承担了比传统建设模式更大的风险,也获得了更大的利润空间,可以调动承包商充分利用自己技术、经济和管理等方面的才能和经验,努力提高项目的潜在价值。以工程总承包为例,本文用图1定性表示不同项目采购方式的承包范围,通过对不同承包范围的比较分析,对这些采购方式的区别与联系作了简要说明。

DM(Development management):开发管理

DR(Design ready):设计准备

D(Design):设计

CR(Construction ready):施工准备

CM(Construction management):施工管理

OR(Operation ready):动用前准备

OM(Operation management):运营管理

PM(Property management):物业管理

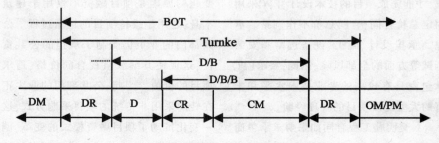

图1 不同项目采购模式的承包范围

D/B/B(Design/Bid/Build)：设计/招标/建造传统采购方式）

D/B(Design/Build)：设计/建造PPR

Turnkey：交钥匙工程，包括EPC项目

BOT(build/operate/Transfer)：设计/建造/移交PPR

* 传统项目采购方式是我国建筑业普遍采用的项目建设模式。业主分别采购设计与施工，承包商只负责施工管理（承包范围：CR+CM）。

* 在D/B模式下，业主通过公开招标，选择D/B承包商，以固定合同总价为基础负责项目的设计和施工（承包范围：D+CR+CM）。业主直接和承包商发生业务关系，在满足业主项目要求的前提下，承包商对整个项目的成本负责。

* 如果D/B模式的采购范围向项目前期和后期分别延伸，向前延伸到项目的开发阶段，承包范围包括为业主进行项目融资（融资代理）和土地购置等，向后延伸至完成项目的运营准备。业主接手项目，转动钥匙，项目即可转入运营。由于业主不参与建设，全部建设风险均由承包商承担。因此，要求承包商具备Turnkey工程的能力，较好地实现项目的价值。

* EPC项目是一种特殊的交钥匙工程，主要适用于专业性强、技术含量高、结构和工艺比较复杂且一次性投资较大的工业项目，例如化工项目和能源项目。在这类项目的开发和建设中，设备的选型和采购是决定项目成功与否的关键因素，要经过反复测算和方案比选，才能完成项目的技术设计。EPC采用固定总价合同，合同总价不作调整。承包商承担设计、施工、设备选型和安装调试等方面的全部风险。因此，要求EPC承包商具有较高的专业技术水平和丰富的大型建设项目的管理经验。

* 交钥匙工程合同如果要求承包商负责数月或若干年的项目运营，那么项目就是按BOT模式建设了[4]。从D/B方式到交钥匙工程，再由交钥匙工程到BOT项目，业主的采购范围越来越大，已从购买项目本身，发展为购买项目在整个寿命期内的功能和服务。

项目采购涉及建筑市场的需求、行业的组织管理、国家的法律规定、合同条件及项目的风险结构等方面，我国建筑业在这些方面的现状还不完全符合国际惯例，主动适应市场开放的能力还不强，不利于加强我国建筑业在国际建筑市场中的竞争地位。中国建筑市场的项目各方已经习惯了传统建设模式，习惯于施工承包和工程分包，而施工承包和工程分包在国际建筑市场属于低端竞争，这是中国建筑企业缺乏建筑市场高端竞争力的主要原因之一。目前，我国工程承包的总体水平还不适应EPC项目等工程总承包的需要，缺少称职的总承包商。例如，我国某省的热电厂EPC项目，由于承包商不具备大型专业项目的管理经验，导致项目失败。从项目采购的层面上认识和理解工程总承包，有助于正确把握工程总承包的各种模式和变体，在更深层次上理解我国实施工程总承包应迫切解决的问题及应用这些模式必须具备的内部和外部条件。这是提升中国建筑业市场高端竞争力和深化建筑市场改革的当务之急。

2.3 项目的融资模式

自上个世纪七十年代以来，国际建筑市场的另一个最大变化是私营机构或私营融资建造公共建筑或公共设施，变化的原因是项目融资不仅用于建筑本身，还用于维持项目的运营过程。公共部门的业主仍受制于承担的公共责任，这促使其继续重视合同价格，追求项目的价值。为此，公共部门的业主正在转向采用非传统的项目采购方式，这一变化推动了项目融资模式的变革，例如，上个世纪八十年代初在英国兴起的PFI(Private Finance Initial)模式，现已成为英国政府获得高质量高效益的社会公共项目的主要方式。PFI模式鼓励私人资本或私人融资参与公共项目建设，政府主管部门通过对项目进行设计、采购、施工和经营全过程的一体化招标，将项目开发过程中的大部分风险转移给私有机构。私营机构（项目公司）在合同期限内，集产权、建设权与经营权于一身，并利用其自身在资金、人员、设备、技术和管理等方面的优势，高效率地开发、建设和运营公共项目。PFI的出现拓宽了私人资金的投资领域，缓解了政府在社会公共项目建设中资金短缺的局面，将成为政府项目开发和建设的重要模式。因此，国际上很多设计事务所和建筑公司正在研究如何介入PFI的对策。国际上，工程项目管理已经延伸到项目的决策阶段即项目的开发管理(Development Management，简称DM)。DM的主要工作是项目环境调查与分析、项目定义、项目管理策划和风险分析等。越来越多的投资者更加关注提高经营效率，希望项目能够产生更大的收益，项目的寿命周期更长。

在国际建筑市场，作为一种全新的融资模式，BOT模式的影响更为广泛。上个世纪七十年代以来，由于全球范围内基础设施建设的需求与建设资金短缺的矛盾日益突出，无论是发达国家，还是发展中国家，政府在公共事业上的支出压力日益加大。同时，政府项目的高投入、低效益，导致很多国家的政府重新考虑他们的建设融资方式，由此引发了全球范围内政府公共项目产出方式的制度创新。在此背景下，BOT模式应运而生，并已发展成BOO、BOOT等多种方式和变体。近年来，BOT项目在全球变得越来越流行，私人资本参与基础设施建设日益增加，平均每年增加15%，BOT是私人资本参与社会公用项目建设的国

际通用术语[4]。近二十年来,世界各国展开了对BOT融资方式的探索和实践,BOT融资模式在世界各国的大型基础设施建设中得到了广泛应用。传统的国际贷款是一般的信用贷款,贷款对象局限于信用和资金状况良好的投资者,而对投资项目的考察和评估不够重视。项目融资的特点是以工程项目为基础安排贷款,同时,项目融资可以帮助投资者把融资安排在资产负债之外,使投资者可以用有限的财力从事更多的投资。BOT融资模式主要依赖项目的现金流量和资产而不是项目的投资者或发起人的资信来安排项目,项目的一次性投资巨大,其建设资金通常是几亿~几十亿美元,而项目的投资回收缓慢,项目的特许期通常是四十年左右[4]。因此,BOT项目成功与否的关键因素是项目的风险管理和成功的项目融资,而融资风险的管理又是成功进行项目融资的基本保障。

项目融资是一种国际经济行为,适用于成熟的市场经济环境,要求规范透明的法律体系和投融资条件。项目融资是中国建筑业与国际先进水平的主要差距之一,既具有挑战性,也有广阔的发展空间。改革开放以来,我国基础设施领域的投资结构由国家单一投资向多元化结构转变,已初步形成了以国家预算内投资为主,国内贷款和利用外资为辅的投资结构。这种多元化的投资结构带动我国基础设施建设有了很大的发展。但是,我国基础设施建设滞后的局面并没有从根本上改变,基础设施建设筹资仍然面临很多困难。PFI和BOT融资模式为我们提供了有益的思路,采用PFI或BOT融资模式,不仅可以拓宽筹资渠道,克服我国私人资本进入基础设施建设的瓶颈,还可以促进我国投融资体制的改革和金融基础设施的建设,逐步形成健康稳健的金融市场机制,包括银行、保险和证券的市场机制和会计制度、核算准则和信用体系等。

3 提升中国建筑业市场高端竞争力的途径

3.1 推广应用以工程总承包为基础的项目采购模式

根据项目的建设路径和管理模式,PPR可以分为传统模式、工程管理模式和工程总承包模式三类。工程总承包PPR比较适合中国建筑业的现状,推行工程总承包,首先应该界定不同项目的建设路径、风险结构、组织模式(项目各方关系)及由这些因素所确定的项目管理模式。从行业角度,企图推行一种模式或者全面推行各种PPR都是不现实的。在实施PPR的进程中,哪一种PPR应该首先实施?哪一种PPR其次实施?经过建筑企业的重组,我国大型建筑企业有能力按D/B方式承揽建设项目,以D/B方式为基础,逐步拓宽和实施工程总承包的其它模式,例如交钥匙工程、EPC项目和BOT项目。推广应用PPR是提升中国建筑业核心竞争力的切入点,建筑企业扩展承包范围的路径就是提高其市场高端竞争力的过程。因此,应该尽快培育和发展项目管理公司、项目咨询公司以及项目总承包公司。这一进程应该与建立合理的建筑企业结构同步进行。否则,势必进一步引起建筑企业的恶性竞争。推广与应用工程总承包PPR,可以改变我国建筑市场PPR单一,合同条件单一的被动局面,改善我国建筑市场的经营方式和管理模式,带动中国建筑业参与国际建筑市场的高端竞争。就此,国内很多文献论述了设计单位、施工单位向工程管理公司转变的意义和必要性并提出了这种转变的实施程序、步骤和措施。笔者认为,除了这方面工作外,还应该关注和解决如下问题。

3.2 加快发展工程咨询业

引进和应用PPR,需要工程咨询业提供广泛的技术支持。国际工程承包的经验说明,只有以工程咨询业为龙头,才能拿到更多的工程总承包项目,工程咨询业是建筑业核心竞争力的基础。国外的工程咨询业是伴随市场经济的发展而产生和发展起来的,经过一百多年的实践,现已形成一个非常强大的行业,可以为建筑市场提供范围广泛的高智能咨询服务。建设领域的各种协会和学会既是咨询业发展的产物,也代表了咨询业的水平,例如1818年成立的英国土木工程师协会ICE (Institute of Civil Engineers),1852年创建的美国建筑师学会AIA (Architectural Institute of American)和1913年成立的国际咨询工程师联合会(FIDIC)都是国际上极具权威的行业协会。中国咨询业是在由计划经济向市场经济转轨的进程中由于时代的呼唤而产生的,即有计划经济惯性影响的先天不足,又要面对市场经济的后天挑战。发展中国的工程咨询业,应该从行业协会的组织变革和机制变革入手。改革开放以后,中国的行业协会和学会在建设领域就建立了一百多个,这些协会往往同计划经济下形成的条块分隔有着密切的联系。行业协会过多过乱,致使各个协会制定的规章、制度不禁一致,例如中国工程咨询协会规定工程设计属于建设过程的准备阶段,而建设部所属的协会规定设计工作属于项目的实施阶段,中国工程咨询协会确定的工程咨询工作以项目前期投资为主等,这显然与国际惯例不一致。为了充分发挥行业协会的作用,应借鉴发达国家行业协会建设的成功经验。英国建筑业有七个最高级别的皇家特许协会,涉及不同的专业领域,英国皇家测量师学会(RICS),主要涉及房地产和工程造价,土木工程师协会(ICE),主要涉及设计、工程方面,英国皇家特许建造学会(CIOB),主要涉及建设项目的管理,此外还有英国皇家建筑师协会(RIBA)和其它三个较小的学会。这些协会和学会独立于政府之外,负责相关领域的资格认定、行业标准制定、合同条件的制定及人员培训等实质性的业务工作。根据中国的实际,发展工程咨询业必需关注改革的正体效益和全局性变革,从机构设置、管理职能分工等方面理顺各种协会、学会之间的关系,理顺协会与政府部门之间的关系,使其真正发挥咨询组织的管理职能。发展工程咨询业是中国建筑业的内功,练好内功有利于从根本上改善我国建筑市场的经营方式和管理模式,使工程管理公司或咨询公司既能承担技术和施工任务,又能承担项目全过程的咨询任务和管理工作,带动中国建筑业参与国际建筑市场的高端竞争,从而促使我国在建立有关法律制度方面向国际惯例和国际标准靠拢。例如,国际上广泛应用的合同条件都是由相关的协会和学会制定,而中国的合同条件则由政府部门制定。在合同建设中,如何发挥相关协会的作用?值得中国建筑业认真思考。

3.3 进一步完善建筑市场结构的改革

中国新组建或转型的工程管理公司和工程总承包公司既要作大,更要作强,实现包括设计、采购与施工等在内的强强联合重组,尽快形成自己的核心竞争力,尤其要提高项目的融资能力,包括选择合适的融资结构,降低融资风险和融资成本。借鉴发达国家的建筑企业结构,这些大型工程总承包公司(集团)只占企业总数的1%以下(在中国约为50个),他们可以跨国家、跨地区按工程总承包的各种PPR承揽工程,他们是参与国际建筑市场竞争的主力军。专业承包公司约占企业总数的5%(在中国约为500个),他们可以在一定地区承揽中小型工程。其余的大多数建筑企业为小型分包商,他们只能在固定区域从事劳务分包和专业分包。这种建筑企业结构为不同类型的企业参与不同市场的竞争提供了基础,可以从根本上避免建筑市场的无序竞争。

3.4 加快建立中国的工程总承包合同体系

英国土木工程师学会ICE于1993年编制发行的新工程合同NEC(New Engineering Contract),以弹性、清晰、浅显为诉求,首次提出合作共赢的理念,适用于各种类型工程,体现了传统PPR的最新成果:

* 传统模式下工程师的作用在NEC中由项目经理、监理工程师、裁决人三方共同承担,避免了由工程师一方负责而产生的种种弊端。NEC明确项目经理和监理工程师是业主代表,而不再是第三方。

* NEC的灵活性体现在自助餐式的合同条件,适用范围广泛。NEC包括9项核心条款、6种主要选项(支付方式)和14项次要条款,业主可以从主要选项和次要条款中选择适合自己项目的支付方式和次要条款。

* NEC的合同语言简明清晰,避免使用法律和专业的技术术语,合同语句言简意明,便于操作与管理。

NEC的这些特点比较适合中国建筑业的实际,以NEC作为改进合同管理和提高项目价值的突破口,是一种有益的思路和可行的途径。

在发达国家的建筑市场,每种PPR都有特定的合同条件与之对应,供业主选择和使用,例如英国JCT(Joint Contract Tribunal)合同条件、ICE合同条件,美国AIA合同条件和FIDIC合同条件等。这些系列合同条件涵盖了各种PPR及其不同计价形式的标准合同范本。这些合同条件体现了国外多年项目管理的成功经验,不仅仅是合同主体权利与义务的界定和工程风险的合理分担,而且形成了项目管理的基础和轨迹。在借鉴和应用国外的合同条件时,应从这一层面认识问题、尽早建立中国自己的FIDIC合同条件和ICE合同条件,以适应推广工程总承包的需要。

参考文献:

[1]Richard Fellows,Development of international construction market,Bath university,UK,1999.

[2]Franks,J.,Building Procurement Systems[M],LONGMAN Malaysia,TCP.1998,10-29.

[3]Latham,M.(1994),Constructing the Team, Final Report of the Joint Government/Industry Review of Procurement and Contractual Arrangements in the UK Construction[M],HMSO,Publication Center,London,1998,36-38.

[4]Bunni,N,G(1997),The FIDIC Form of Contract,Blackwell Scientific Publication,London.

[5]Eggleston,B(1993),The ICE Design and Construction Contract,Blackwell Scientific Publication.

[6]Singh,S.(1990),Selection of appropriate project delivery system for construction project,in proceedings of CIB W-90 International Symposium on Building Economics and Construction Management,Sydney,Australia,pp.469-80.

[7]赵同良,李亚琴,李启明.2004年度国际市场最大225家承包商市场分析.建筑经济.2005年第11期,P42.

[8]迈克尔·波特.《竞争战略》.陈小悦译.北京:华夏出版社,2001.

中国建筑业的竞争形势与企业对策分析

张 娟

(复旦大学，上海 200433)

摘 要：建筑业是我国四大支柱产业之一。长期以来，我国建筑业受计划经济体制影响一直存在结构不合理问题。但是经历20多年的全行业管理体制改革和经营机制转换，中国建筑业确立了自主经营、独立核算、自我约束、自我发展的建筑产品经营者和生产者的经济地位。随着中国建筑业的开放度提高，建筑企业应根据竞争形势相应调整战略对策。

关键词：建筑业；SWOT分析；竞争战略

建筑业是我国四大支柱产业之一。建筑设备材料生产商和销售商、工程承包商、建筑设计及工程监理公司、房地产开发商、物业管理公司及其他建筑业相关企业将整个建筑业产业链串接起来。建筑业的快速发展带动了工程设计、施工、建材、中介咨询等产业的发展壮大，拉长了建筑业产业链。随着中国建筑业的开放度提高，建筑企业应根据竞争形势相应调整战略对策。

一、中国建筑业的市场竞争现状

长期以来，我国建筑业受计划经济体制影响一直存在结构不合理问题。市场集中度和产业进入壁垒过低，企业大而不强，小而不专，不同层次、不同类型建筑企业的市场特征不明显，企业的市场决策行为雷同，造成当前建筑市场的供需严重失衡，生产能力大量过剩，过度竞争加剧，市场混乱，产业效率低。

目前，我国建筑业市场仍处于计划经济向市场经济转化的阶段，市场主体行为不合理，行业垄断、部门分割、地区封锁影响和干扰了统一、开放、竞争的建筑市场的形成。长期的计划经济体制以及改革开放过程中形成的地方保护或部门保护主义，形成了一个条块分割式的行业结构。部门保护造成很难跨越专业发展业务，因此许多大型企业只是某一专业的建筑业企业，企业的专业范围较窄，缺少综合性企业。

我国加入WTO对建筑业开放的承诺集中在建筑业、勘察设计咨询业、标准定额及其工程服务、房地产业和城市规划，并且已经提前严格履行。建筑业是我国开放较早，外资进入较多的领域，但是由于承诺外资企业可承建的项目类型很少，且外商主要关心大型工程项目，因此它对行业的实际冲击有限。改革开放不仅打开了中国市场的大门，而且将中国企业引向世界。"走出去"与"引进来"相结合成为中国建筑业的对外开放战略。

二、中国建筑业的SWOT分析

经历20多年的全行业管理体制改革和经营机制转换，中国建筑业确立了自主经营、独立核算、自我约束、自我发展的建筑产品经营者和生产者的经济地位。我国加入WTO之后，建筑业的竞争更加激烈，要迎接挑战、谋求新的国际发展局面，建筑企业应清楚自己的优势、劣势以及机遇和挑战。

1.优势分析

中国建筑公司在国际市场上的最大优势是成本低。这种成本优势主要来自价格低廉的劳动力和成本低廉的原材料。其中，对某些现代先进技术的掌握促成了对低成本原材料的成功使用。除了成本低廉以外，中国建筑公司在基础设施(尤其是水电站)修建方面的经验丰富。中国拥有全世界近半数的大型水电站，因此中国公司知道如何在比较短的时间内、以较低的成本建造水电站。迄今为止，中国公司已经在国际上赢得了很多修建大型水电站的合同。而且中国建筑公司愿意在边远地区艰苦、危险的条件下工作，这是其他国家的公司无法比拟的。这些优势促使中国建筑企业以具有竞争力的价格和服务积极投标。

2.劣势分析

虽然中国建筑业的工程技术已达到一定水平，但与工业发达国家在整体技术和管理方面仍有很大差距。建筑工业化、科技化水平较低，还没有实现社会化、专业化大生产的建筑生产方式。建筑工程的许多施工技术仍然在低层次上打转，大多只是对普通工艺进行改进，对常规工艺进行组合。对技术含量高、源于高科技的施工技术或工艺则掌握不多。与工业发达国家相比,我国建筑业在生产设备、新材料的研发、施工技术方面均存在不小差距。长期以来,技术装备和设备装备水平没有实质性提高,我国建筑业仍采用劳动密集型、粗放式经营和生产方式。信息技术的应用深刻影响着建筑业的管理和生产方式,而目前我国建筑业的信息技术应用水平还不高。

建筑业的产业组织结构不合理,不能很好地适应市场化要求,也不符合建筑业产业的基本特性。一些建筑业企业没有明确的发展战略,不能根据市场的情况对经营和生产进行及时地调整,对企业的资源进行有效利用。建筑业企业尤其是国有企业缺乏良好的运行机制、激励机制和约束机制,有效的企业管理制度没有建立,导致企业缺乏持久的市场竞争能力。

"压级压价、索要回扣、垫资接工程"现象严重,再加上巨额拖欠工程款,造成大批建筑企业资金极度紧张,企业经营利润微薄,甚至长期大面积亏损,影响了企业的科技、设施方面的投入,致使再生产难以为继。

3.机会分析

加入WTO,我国建筑企业能够更多、更方便地进入其他国家市场。我国建筑市场的开放也有利于引入新的竞争机制,改善该产业的市场结构。

建筑业改革的关键在于建立适应市场经济的管理体制、企业制度和激励机制。目前,改革已经触及较深层次的问题,仅靠行政力量、内部力量已远远不够。加入WTO,在更大程度上引入外国企业的竞争,这将大大增强改革的推动力,促建筑业变革,以外部和内部两方面的力量推动中国建筑业的市场化进程,逐步规范市场竞争机制。由于国际竞争的推动,建筑企业在技术和管理方面可以广泛学习和借鉴国际先进经验,提高企业技术水平、经营管理和工程管理水平,寻求更高层次和更广泛的发展空间。

4.威胁分析

中国建筑业的体制改革和机制转换还在进行中,技术和管理等总体发展水平与工业发达国家相比还存在差距。加入WTO的过渡期结束以后,许多方面不能马上适应变化的环境,不可避免地会面临巨大的压力,对建筑业的发展带来不利影响。

我国建筑业现行管理体制与WTO规则之间尚存在矛盾。现行法规仍然不健全。运用行政手段干预市场、干预企业经营管理的现象还比较严重。此外,我国经济与社会立法滞后、执法不严的状况依然存在,对市场中出现的新情况、新问题缺乏法律规范和法律保障。审批制仍然是重要的经济管理方式,领导批示、行政力量在经济运行和管理中仍起决定作用。因此,加入WTO会对现行建筑管理体制、法规提出挑战。由于中外企业的人才激励机制存在较大差异,外国工程承包企业更多的进入中国,将加剧人才的争夺,可能导致建筑领域现有人才特别是高级人才的进一步流失。人才竞争和流失的加剧,将使我国建筑业发展和竞争力的提高受到严重影响。中国建筑业的服务贸易政策将受制于国家外部因素的约束,这就要求制定的建筑服务贸易政策既不违反WTO的规则,又要有利于国内建筑业产业的发展,这将是又一个挑战。

三、中国建筑企业的竞争战略

20世纪80年代初,迈克尔·波特提出了竞争战略理论学说,认为企业竞争优势主要取决于企业所处行业的赢利能力,即行业吸引力和企业在行业中的相对竞争地位。企业核心竞争能力是企业产品或服务的特异性或成本优势形成的市场占有和获得长期利润的能力。由以上分析可知,中国建筑企业需要认真研究和思考的问题是:把握建筑业国内外市场的发展变化与需求,研究建筑业产业结构的调整,促进建筑企业升级和核心竞争能力的形成。为此,中国建筑企业可以确定如下竞争战略。

1.调整组织结构,培育核心竞争力

继续推动建筑企业按现代企业制度要求改革产权制度,实现产权股份多元化。通过建筑企业兼并重组,提高市场集中度低,改善企业规模,增强企业竞争力。不同类型的企业应有自己的核心竞争能力。现有的总承包企业和各类专业工程承包企业的组织结构体现了各企业在工艺设计、设备采购,对施工管理、协调能力和融资能力上的分工。这打破了以往建筑企业"大而全""小而全"的状态,有利于它们重组行业力量,培育核心竞争力,促进市场竞争。

2.提升科学技术和信息化水平,促进建筑企业升级

通过技术和管理创新可以形成、提高建筑企业核心竞争能力。核心竞争能力和核心技术是分不开的,因此应研发关键技术和工艺技术,改造、提升传统企业。

建筑企业运用信息技术可以提高设计水平,创建现代化的企业管理模式,实现工程项目建设全过程的信息化管理,接近国际先进企业管理水平,因此应推广应用信息技术,提升传统建筑业的设计水平和管理水平。

先进的施工设备能够提高企业的生产能力和劳动效率,改变传统建筑企业粗放型的经营方式,因此应研发企业主导产品和装备。

3.抓住走出去的战略机遇,引导企业向国际市场发展

我国建筑市场的实际情况是供大于求,建筑企业的国际市场竞争力不强。引导建筑企业提高国际竞争能力,走出国门,进入国际市场是我国建筑业长期发展战略的重要组成部分,是平衡国内建筑市场供需矛盾的重要措施,也是促进建筑企业向现代化企业发展的有效办法。

国内施工环境下的国际化项目施工管理
——奔驰厂房项目施工管理实践

◆ 刘吉诚　王红媛

(中建一局(集团)有限公司，北京　100102)

随着我国加入WTO，越来越多的国际厂到国内投资建厂，随之而来的是国际项目管理公司或国外项目管理者，因此作为施工总承包商应在国内建筑市场环境下，利用国内的施工资源与国际项目管理模式对接，达到业主对工程各项目标的要求。

与国外先进国家相比，我国实施工程项目管理的时间较晚，我集团作为国内率先实施项目管理的施工企业之一，也是从20世纪80年代末期才开始推行施工项目管理制度。通过十几年不断的完善，集团的项目管理已经制度化、规范化，组织结构理论、网络计划等科学的项目管理理论和方法被应用于项目管理中，但由于以往建筑业粗放的管理习惯，在项目管理实施过程中还存在许多问题。加上我们对国外业主项目管理的特点和关注点还不十分清楚，因此，在施工管理过程中，往往容易产生分歧和矛盾。下面笔者就奔驰厂房项目管理谈几点体会。

一、奔驰厂房项目施工管理特点、难点

奔驰厂房项目是由北京奔驰-戴姆勒·克莱斯勒汽车有限公司投资兴建的奔驰轿车在海外最大的CKD生产基地，由于该项目由中方和德方共同投资管理，业主方的项目管理者主要为4位德方驻场工程师，分别负责造价与计划管理、建筑结构、水暖设备和电气安装，中方有一位工程负责人，主要负责造价管理。因此，项目管理体现出"中西交融，相互延伸"的特点。

1.国内成本，国际品质

在国内投资建厂的国际厂商或合资厂商，最先接受的是国内经济的工程造价，所以这类工程的造价基本等同于国内同类工程的造价水平。同时，由于工程管理者为国外专业工程师，其物资和设备的质量定位为国际品质，优质低价是一个矛盾体。如何在项目管理过程中，平衡和协调好两者的关系，是项目管理的难点之一。

2.注重细节，强调质量

奔驰厂房项目开工之前，德方业主即提出关注的三个方面：第一是质量，第二是质量，第三还是质量。在施工全过程的质量控制中，这句话得到了充分的体现。四个德国驻场工程师对于质量细节的关注是空前的。

3.严谨的工作作风，严格的管理控制

与国内粗放的管理习惯所不同的是，德国人以严谨著称，事无巨细都要先制定详细的计划，确定详细的做法和节点详图。在实施过程中，更要按照计划跟踪控制。奔驰的几位德国驻场工程师跟我们学说的最好的一句中文是"没问题"，但每次我们承诺"没问题"后，无论是简单的事情还是复杂的事情，他们都要求我们提供详细的计划，详细的措施，详细的做法支撑我们"没问题"的承诺。

二、项目管理中的几项具体措施

针对这种国际化的项目管理特点，项目首先从制定严谨的工作程序和工作流程，明确管理细节入手，注重合同管理，加强新技术的吸收和应用，在质量控制中加强执行力度。同时，以人文精神为核心创建项目管理文化，增强项目的凝聚力，确保工程各项目标的实现。

1.明确工作流程,建立严谨的工作程序

由于项目管理人员的流动性比较大,虽然大多数人员来自于集团内部,但在集团公司总体项目管理模式下,每个项目都有自己的特点。因此,为了使项目管理具体化、规范化,协调各部门、各岗位的工作,项目经理在施工前期要求各部门就具体的工作内容,编制工作流程,明确相关责任人。例如在《合约管理的内容及流程》中,从合同起草、合同评定、合同谈判、合同评审、合同签订、合同交底、合同履约直至合同报结,每个环节的逻辑关系,每个环节中各职能部门的工作内容等都进行了详细的描述,使得项目合同管理工作线条清晰,职责明确,操作顺畅。同时制定各项管理制度,包括工程资料管理办法、质量管理奖罚制度等等。通过集成形成了《项目管理办法》,作为操作性的工作文件,从而杜绝随意性的管理作风,建立严谨的工作程序。

2.全面的计划管理

(1)周工作计划

计划管理是项目管理的主要手段。在以往的项目管理中,谈到计划管理,往往仅注重施工进度计划,而忽视了日常工作计划,使管理人员在工作中没有清晰的条理,使部门经理以及项目经理不能很好的把握阶段内的工作重点,更不能很好的对接德方业主。因此,在项目运行初期项目经理即提出了全面计划管理的概念,要求除了编制切实可行的施工总进度计划,以及阶段、月、周三级进度计划外,每个职能部门在每周五下班前要总结本周工作计划的完成情况,以及提出下周的工作计划,由行政部汇总后下发各个部门并抄报项目经理。《项目周工作计划》一方面对日常工作的监督管理起到了辅助作用,另一方面也有助于

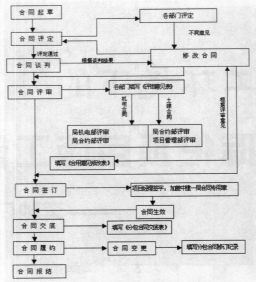

图1　分包/分供合同管理流程　　　图2　项目管理办法

图3　物资/设备采购计划样表

相关部门之间工作信息的沟通。

(2)动态调整的施工总进度计划

施工总进度计划是项目施工的核心计划,一般来说施工总进度计划是一个纲领性的进度计划,但在本工程中为了细化施工过程控制,我们编制了三千多个条目,近九十页的详细的施工总进度计划,它能够反映工程每个部位,每个分项工程的施工安排情况,详细的施工总进度计划可以更好的指导施工安排。同时,由于各种施工因素的不确定性,越是详细的计划越容易显示计划的偏差,因此为保证计划的可操作性,要及时做好计划的动态调整,本项目的施工总进度计划共进行了六次大的调整,用一到六版来表示。

(3)重视施工配套保证计划,实施"准时采购"

施工配套保证计划是指由施工总进度计划派生出来的物资设备采购计划、施工详图/施工方案编制计划等,是保证施工进度的前提条件。对于这些配套计划,我们往往重视不够,随意性强,凭着感觉工作。物资设备采购以及专业分承包商的选择多是由业主和总包共同参与决定的,由于对考察确认周期估计不足,从而造成延迟而影响施工。本工程有中方业主和德方业主,监理方以及我们总包方,参与确定的人员较多,再加上德方专家对中国建筑产品了解

不足，中外双方对标准的理解不同，情况更为复杂。因此我项目十分重视施工配套计划的编制，在充分考虑实际情况的前提下，编制了细致可行的物资设备采购计划，施工详图/施工方案编制计划等。通过与业主监理协商，确定了各方确认的时间，在考察确认过程中虽然各方分歧很多，但依据各方均认可的采购计划时间表，使得设备物资采购工作得以顺利的进行。参见图3。

通过奔驰工程的项目管理，我们深刻的体会到，对于外方业主计划管理在项目管理中的重要性，一方面在于编制细致全面的各项计划，更重要的是计划的执行，减少工作的随意性，实实在在按照计划实施，可以更容易的与外方业主建立起彼此的信任，减少由于观念和标准不同所带来的分歧，保证工程的顺利进行。

3. 建立各方参与的管理例会制度，通过协商沟通消除观念分歧

本工程管理的难度在于由于国家、地域不同所存在的观念上的分歧，采取有效手段消除各方分歧，达成共识是项目管理的主要问题，因此建立了各方参与的管理例会制度：

(1)项目高层管理会议(CMM)——由各方项目负责人参加，为项目管理决策层会议。

(2)项目监理会议——解决施工现场问题。

(3)专业技术小组会议(TMM)——解决施工技术质量问题。

技术质量标准的分歧是奔驰项目实施过程中最大的分歧之一，原因有二：一是工程方案图是由德国设计的，施工图是由国内设计的，因此在最终图纸中沿用了很多德国的习惯做法，按照德国惯例，作为合同附件除了施工图各专业还有详细的《技术质量标准说明》，它详细描述了施工图无法表达的材料品质、完成后的技术质量标准等要求，其中有些标准严于国家规范，有些则采用了德国的检验标准。另一方面，业主的项目管理是由四位初次到中国工作的德国专家负责，标准体系的不同，观念的差别，再加上德国人特有的严谨固执，使得项目从物资设备采购到施工具体做法，直至质量检验，分歧重重。

为此我们建立了各专业的技术小组周例会制度，由业主、设计、监理和施工方共同讨论物资设备的品质要求、施工做法、检验标准，消除分歧，达成共识。比如，厂区道路垫层原为43cm厚的级配碎石，与国内通常的无机料结合层的做法不同，我们对业主和设计院反复分析两种方案的优缺点，并请道路方面的专业人士进行讲解，请业主、设计参观工程，最终说服业主，改为30cm厚的无机料结合层，方便了施工，保证了质量，还为二次经营创造了条件。有时我们也会尊重德国工程师的意见，同样是在道路的施工过程中，在技术标准中检验土基承载力是按照德国标准EV值，而不是我国的压实度，德国专家对于我国的检测原理和标准并不了解，为了让业主对土基回填质量放心，我们在按照国内标准完成检验的基础上，与国家建筑工程质量监督检测中心地基所共同开发研究出按照德国检测方法试验的设备，对道路土基进行了检验，使德方业主确信了我们的施工质量。

从工程开工到工程完工，技术小组例会每周坚持召开，并以79期会议纪要的形式确认会议讨论的结论，让会议各方依照执行，而对于厂房耐磨地面等重要技术问题，还通过召开技术专题会议的形式讨论解决，这种通过各方定期例会增加沟通，协商解决问题的方式对于国际化工程项目的管理是十分有效的途径。

4.通过施工详图的设计，使工程处于"管理"之中

本工程施工详图的设计量很大，但并不是由于工程多么的复杂，难度多么高，体量多么大，而基本是由于细致管理的原因，它包含两个方面：

(1)专业施工详图的细致化

如幕墙、彩钢板维护结构以及门窗等工程在施工前，一般要由专业施工公司进行专业施工详图的设计，而我们国内的一些专业施工公司往往对施工详图重视不够，方案性的、大面上的设计没有问题，但对于墙边、底角，尤其是与其它分项交界处的设计不到位，似乎一到交界面就成了一个"三不管"的地方，而这些位置恰恰是最容易出问题，最应该交代清楚的地方，在这种位置要做到专业图纸的"综合化"、"细致化"，通过总包协调，我们要求每个专业图纸将交界面处相关分项工程的做法准确无误的表达清楚，为明确责任可注明"非***公司施工"。本工程幕墙和彩钢板工程施工详图的设计、审核、修改直至签字确认大都进行了4-5个月之久，其中幕墙图纸115张，彩钢板施工图158张。

(2)施工标准节点图的具体化

在施工中我们除了设计绘制施工深化图纸外，通常会引用一些标准图集中的节点做法，在本工程中我们一改过去简单索引的方式，而是根据应用到本工程中的具体部位以及周边的做法进行尺寸化的重新绘制，或根据工程的具体特点做相应的微小调整，使每张节点详图都变成针对本工程的节点设计图纸。

施工详图是控制工程施工质量的重要手段，让工程每个细部，每个节点都具有"设计性"，减少操作工人的随意性，即使这种"设计"不是尽善尽美，但从根本上杜绝了工程管理的失控。

5.重视合同管理，强化二次经营理念

合同管理是项目管理的基础，对于

涉外工程合同管理尤为重要,它是"二次经营"的基础。涉外工程的项目管理相对更为正规和严谨,"以签证记录为依据,以合同条款为准绳"可以说是奔驰项目的真实写照,为真正把项目"经营"好,项目采取了以下措施:

(1)实施合同分析,建立全员"合同意识"

涉外工程的合同相对国内工程的合同更为复杂,因此只有认真分析条款中所隐含的信息,才能更好的规避风险,制定相应的对策措施。

项目经理部在开工前,就组织相关各部门认真分析合同条款,合同报价以及技术质量标准,并将这项"功课"持续于工程施工全工程,通过分析对每个分项工程的价格、质量要求了然于胸,对于预亏的分项,制定相应的措施,或促使工程发生变更,或制定节约成本的措施,为转亏为赢创造条件。工程技术人员更要认真分析技术质量标准,找到与国内常规做法要求不同的条款,研究其实现的方式,分析其可能带来的成本问题。

通过本工程我们深刻的认识到,合同管理决不仅仅是商务人员的合同管理,只有在项目全体管理人员心中拉紧"合同"这根绳,建立全员"合同意识",才能做好项目经营。

(2)强调书面记录,严格合同档案管理

我们项目经理对于书面记录和签证有着异乎寻常的执着和坚持,最常说的一句话就是:就此问题起草一个正式函件报送业主,因此项目在实施过程中共有商务类函件389份,工程技术类函件89份,基本上是一天一份函件。并且函件的报送程序也有明确的要求,函件原件一式三份,两份给业主,一份由业主接收人员在函件上签名并注明"原件已收到"等字样后,由我方存档保存。同时项目还设计了用于物资选样签认的《物资选样报审表》和《物资封样单》,用于工程结算签认的《工程结算单》等。

所有的合同资料,包括合同文本、工程记录资料、业主指令以及来往函件等都建立目录和台帐,随时做好收集、整理工作,保证资料的有效使用。比如函件台帐,不仅记录了函件的标题内容,时间等,还随时注明函件的回复执行情况。

6.建立以人文本的项目文化

通过项目文化建设,提高管理团队的核心凝聚力,以人文精神加强对操作工人的高度关注,提升工人对项目的认同感和归属感是提高项目管理成效,实现项目各项管理目标的有效手段。

(1)品牌文化——CI形象建设

工程项目是企业的窗口,项目文化则是企业文化的延伸。奔驰工程项目因其在国际、国内的知名度而被受中外媒体和社会各界的关注,而这也恰恰成为展示中建企业文化重要的窗口。认真实施企业CI战略,继承和创建企业文化品牌,是我们项目管理的重要目标之一。

从施工现场的图牌、标识,到办公区域的布置,包括管理人员的安全帽、胸卡、制服,规整统一的CI形象,反映了企业富有内涵的管理文化,给中外双方业主、中外媒体以及社会各界留下了良好的印象,提升了中建品牌的知名度和影响力,我项目或2004年度中建总公司CI形象金奖。

(2)创建项目内部刊物,建立以学习为主氛围的项目文化

项目文化侠义通俗的讲就是项目的"风气",历来项目上就有好"喝"之风,好"赌"之风,工作之余喝酒打牌被视为天经地义,我项目上以新入行的年轻人居多,为他们创建一个怎样的项目文化氛围,用什么来作为凝聚团队力量精神核心,就是项目文化建设的主要任务。

项目不仅建立了给员工过生日的"温情文化",还创建了项目内部报纸"驰讯",它分为两大部分,一部分是员工内部交流的文章,员工的工作感想,另一方面是学习园地,英语学习和专业知识的学习。学习型的项目文化氛围,激发了员工积极向上的敬业精神,而因此所焕发出来的精神面貌给中外双方业主和分包单位留下了良好的工作印象。

(3)建立工会联合会,关注操作工人

在项目管理中更多的关注操作工人,为他们提供更好的生活、施工条件,关注工人的职业健康卫生和文化情感需求,使得工人对项目有认同感和归属感,是项目文化的另一个重要方面。

我项目成立了北京首家项目工会联合会,从组织机构上给予了充分的保障。项目工会联合会定期对工人宿舍、食堂进行卫生检查;建立工人阅览室,购买图书;并设置工人"亲情热线电话";组织焊接比赛、砌筑比赛等技能大赛;组织拔河比赛等文体活动。保证了工人的生活质量,活跃了工人的业余生活。

三、项目管理的实施效果

通过精细的管理施工,奔驰项目基本完成了项目策划阶段所制定的各项目标,并荣获"2004年度北京市结构长城杯";"2004年度北京市安全文明样板工地";"2004年度中建总公司CI金奖"等一些荣誉。在项目实施过程中,中外双方业主高层领导也曾多次检查工地,对工程的管理给予了很好的评价。

在项目管理过程中,我们一直抱着学习的态度,学习国外先进的管理方法,学习德国专家严谨的工作作风,只有学习各方的先进经验,才能使我们今后的项目管理工作达到更高的水平。

英国伦敦希思罗机场五号航站楼项目Partnering应用实例

◆ 孟宪海

摘 要：本文介绍了英国伦敦希思罗机场五号航站楼项目中成功运用Partnering的做法和经验，为先前发表的有关Partnering的三篇文章提供了有力的实践例证。

关键词：伙伴关系；项目团队；案例分析

一、项目背景

英国机场局(British Airport Authority, BAA)拥有和运营着全国的七大机场，由此成为全球最大的机场运营商。BAA运营的最大的机场是伦敦希思罗机场(Heathrow Airport)。该机场是世界上最为繁忙的机场之一，每年乘客人数持续稳定地增长，2003年增长了3.7%。由于乘客人数不断增加，BAA计划并着手在希思罗机场兴建一个新的航站楼：五号航站楼项目。

五号航站楼包括九个隧道项目、两个河流改道项目以及新建一条M25岔路。五号航站楼项目不仅需要土木、机械、电气、通信等多专业承包商的通力协作，而且现场条件限制严格，所有工作必须避开正在使用的飞机跑道、已有的航站楼以及M25岔路。五号航站楼项目估算为42亿英镑，每天花费近300万英镑，高峰期间现场工人数为6500人，一期项目将于2008年3月投入运营。

二、基本原则

该项目规模如此之大意味着项目一旦超支将对BAA的声誉、现金流、资产负债表以及未来的发展能力造成不良的影响。鉴于乘客人数不断增长，拖期也是项目非常不愿看到的。所有这些都使得该项目成为BAA有史以来最大的挑战之一。在项目的早期，BAA预期如果缺乏一种全新高效的管理模式，项目将比BAA的承受能力超出10亿英镑，并将推迟两年投入运营。

BAA应对挑战的两条原则是：首先，基于近年来重大项目（例如希思罗高速公路）的经验，BAA认为不论采用哪种合同制度，风险都是显而易见的。作为业主，不可能从根本上转移风险，为了项目的最终成功，业主应当承担风险。BAA的目标是识别风险的来源，利用最好的方法来管理风险。其次，BAA认识到合作伙伴（Partner）比供应商（Supplier）更有价值，因此BAA致力于挑选、组织、激励一个集成式的项目团队(Integrated Project Team)。

三、合同模式

五号航站楼项目采用设计、制造、装配同步进行的快速建造模式。另外，在该项目中，采用了成本补偿合同。这种合同倾向于保护承包商的利润，同时业主承担了主要风险。BAA通过分析以往类似项目得出目标成本水平，如果实际成本低于目标成本，节约的成本将由有关合作各方来分享。通过采用成本补偿合同，能够有效激励合作各方紧密合作，提高工作效率，最大限度地减少工程成本。毫无疑问，业主将是其中最大和最终的受益者。

传统合同，尤其是最低价中标的合同，尽管合同本身希望将双方的权利和义务做出详细的规定，但结果往往是将业主和承包商置于相互对立的地位。通过集成式团队方式，五号航站楼项目合同强调建立非对抗的伙伴关系。这意味着问题将会得到及时和成功的解决，不再出现索赔、争端以及法律诉讼。BAA认为这样可以将以往在这些问题上浪费的力量转移到更为有效的工作上。

四、项目团队

BAA的目标是建立一个包括来自BAA和其他不同合作伙伴的人员在内的共同的项目团队，这个项目团队为了一系列共同的目标而肩并肩地工作在一起。首先，在五号航站楼项目中，对于工作范围和性能水准的承诺是由合作伙伴做出的，这使得BAA能够充分吸纳来自合作伙伴的专业经验。其次，项目团队的组织结构是针对项目而建立的，而不附属于任何合作伙伴的公司结构。第三，这个集成式的项目团队由160名专业人员组成，BAA致力于挑选经历过英国国内和国际上重大项目的最优秀的专业人员以适应项目的特殊需要，而不过多地考虑合作伙伴的组织结构。当然为了达到这一目的，要求BAA运用丰富的经验和智慧进行判断和决策。第四，协作项目软件(Collaborative Project Software)将诸如时间表、风险报告以及工作范围等有价值的和重要的信息集成到一起，利用这个软件系统，项目团队可以及时而通畅地进行沟通，尽可能地减少误解和拖延。最后，项目专门聘用了一名组织效率的主管(Organisational Effectiveness Director)，该主管领导大约30名文化变革经理(Cultural Change Manager)专门向项目团队提供有关协作技术和团队工作等方面的培训和支持。

参考文献：

[1]National Audit Office (NAO) (2001) Modernising Construction, London, UK.
[2]National Audit Office (NAO) (2005) Case Studies: Improving Public Services – through better construction, London, UK.

链　接

为了有效解决进度、成本、质量的苛刻要求，为了增强在建筑业市场中的竞争力，获取较大的蛋糕份额，为了改善各参与方的关系，营造一个相互信任、彼此尊重、互惠互利的优良工作氛围，提高利润空间，美国率先提出并发展了一种重要的经营管理模式：伙伴模式(Partnering模式)。

伙伴模式于20世纪80年代中期首先在美国出现。1984年，壳牌(Shell)石油公司与SIP工程公司签订了被美国建筑业协会(CII)认可的第一个真正的伙伴协议；1988年，美国陆军工程公司(US Army Corp.of Engineers)开始采用伙伴模式并应用得非常成功；1992年，美国陆军工程公司规定在其所有新的建设工程上都采用伙伴模式，从而大大促进了伙伴模式的发展。到20世纪90年代中后期，伙伴模式的应用已逐渐扩大到英国、澳大利亚、新加坡、香港等国家和地区，越来越受到建筑工程界的重视。

美国建筑业协会 (the Construction Industry Institute，简称CII)

CII认为伙伴模式是"在两个或两个以上的组织之间为了获取特定的商业利益，最大化地利用各组织的资源而作出的一种长期承诺。这一承诺要求使传统组织间孤立的关系转变成一种不受组织边界约束，能够共享组织资源、利益的融洽关系。这种关系建立在信任、追求共同目标和理解各组织的期望和价值观的基础之上。期望获取的利益包括提高工作效率、降低成本、增加创新机遇和不断提高产品和服务的质量。"

美国承包商联合总会(the Association of General Contractors，简称AGC)

"伙伴关系"的理解"是一种与传统管理模式根本不同的方法，是以指导各组织实现'双赢'目标，培植团队精神为基础的管理模式，推动了工程项目管理的发展。目前，伙伴模式被认为是一种具有较强生命力的管理工具而被广泛接受和运用。在美国已成功地将其运用于各种规模、各种类型的项目中了"。

美国陆军工程公司 (the U.S. Army Corps of Engineers，简称COE)

COE通常在政府投资项目中运用伙伴关系管理模式。对伙伴模式的理解，COE并不是从竞争力的角度出发的，他们认为伙伴模式"创造了一种使合同履行过程中尽可能避免争端的积极氛围。它运用团队的思想引导各组织确立共同的目标，同时促进相互间的交流，培养了一种在工作过程中共同解决问题的态度……伙伴模式的核心任务是鼓励将传统各组织间不良的关系转变为一种以亲密合作，团队为基础的融洽关系。成功地在工程项目中运用伙伴模式能够避免争端，提高工作效率，提高产品或服务质量，按时完工，促进长期的合作关系，公平的利益分配和及时地支付工程款。"

美国总务管理局公共房产业务部(the Public Building Service of the U.S. General Services Administration，简称GSA)

GSA认为"伙伴模式是一种正式的管理过程，在这一过程中所有参与组织自愿达成一项协议，即采用以合作、团队为基础的方法去管理和解决各种问题，尽可能地避免或最小化冲突、诉讼和索赔。伙伴关系存在于任何的工作关系中，如今它已普遍被运用在公立性或私立性的大型建设项目中。众所周知，业主、设计方、项目经理、总承包商和分包商，任何双方间或多方间在项目中出现矛盾时都会只考虑自身利益而忽略他人的利益，通常会做出相互抵触的做法。伙伴模式是要营造一种合作和信任的环境而使得各参与组织积极处理矛盾，避免产生这种抵触做法"。

虽然定义不尽相同，但我们不难看出：各种定义中伙伴模式被认为是一种在业主、承包方、设计方、供应商等各参与者之间为了达到彼此目标，满足长期的需要，实现未来的竞争优势的一种合作战略。

建筑工程司法鉴定费用构成分析

◆ 姜芳禄

(河北工业大学土木工程学院,天津 300132)

摘　要：面向社会服务的建筑工程司法鉴定机构成立以后,随着建筑工程司法鉴定工作的开展,不可避免的要遇到收费问题。建筑工程司法鉴定的收费问题涉及物价、经济、技术等诸多部门,因此给物价部门制订收费标准造成许多困难、给鉴定机构开展业务带来诸多不便。为了规范建筑工程司法鉴定行为,本文依据相关法规与司法鉴定实践经验对建筑工程司法鉴定费用的构成进行分析,以利于有关部门制订建筑工程司法鉴定收费标准。

关键词：建筑工程;司法鉴定;费用

Abstract: After the department of construction engineering juridical identification set up. It isn't avoided to meet with the cost for it. The cost for construction engineering juridical identification relates to price、economy、technology and other fields. So it is difficult for prices department to law down the standard and is difficult for construction engineering juridical identification to carry out operation. In order to assure carry though smoothly juridical identification work, according to resemble rule of law and construction engineering juridical identification practice, this paper give the cost discuss on construction engineering juridical identification. The relational department makes up the law on construction engineering juridical identification will be easily.

Key words: construction engineering; juridical identification; cost

1　引言

几年前,在一个关于司法鉴定制度改革的座谈会上,与会者认为:"鉴定收费必须予以规范。当前,我国没有统一的司法鉴定收费标准,司法实践中,各鉴定机构为了争夺经济利益而进行不正当竞争的现象非常普遍,有的鉴定机构甚至不惜出具虚假的鉴定结论以迎合当事人。因此,有必要建立严格而规范的收费标准,以遏制和减少司法鉴定中的腐败现象。"

建筑工程司法鉴定单位具有社会服务性,司法鉴定单位成立以后,不可避免的要遇到收费问题,物价部门苦于无据可依,因而制订收费标准比较困难;鉴定机构苦于无章可循,给业务开展造成许多不便。司法行政部门因无收费标准可依,减弱了对司法鉴定行业的规范、监督、管理力度。本文结合建筑工程司法鉴定实践,并参照相关标准对建筑工程司法鉴定费用构成加以分析,以供业界参考。

2　建筑工程司法鉴定费用的构成与记取

建筑工程司法鉴定的费用一般由建筑工程司法鉴定费、检测检验费、档案资料复核费、管理费、计划利润和税金等组成。

2.1　建筑工程司法鉴定费

建筑工程司法鉴定费为出具司法鉴定报告的费用,内容包括:

(1)专家费用:内容包括专家劳务费、会务费、交通费等。可参照当地的工资水平记取。

(2)鉴定报告制作费:内容包括工本费、打字费、送达费等。视鉴定报告的复杂程度与合同双方的距离远近而定。

(3)鉴定人出庭费:即司法鉴定人出庭作证发生的相关费用。视鉴定机构与审理案件法院距离的远近及开庭次数而定。

2.2　建筑工程检测、检验费

建筑工程检测、检验费为收集、获取司法鉴定原始数据所发生的费用,内容包括:

(1)测量费:主要指对建筑物的位

置、高度、房屋面积、垂直度、平整度、沉降量有争议;对构件的尺寸、设备的安装位置等有争议的案件,需要鉴定人员到现场实际测量发生的费用。

此项费用可参照当地有关测量技术服务费标准而定。如广东省肇庆市建筑变形观测的收费标准(表1)为:

(2)检验、实验费用:主要包括检验数据的获取、试验材料、试件的获取及实验的费用。如广东省肇庆市钻芯法检测的收费标准(表2)为:

(3)室内环境检验检测费,包括放射性检验费、有害气体检验费等。

如宁夏物价局[2003]070号规定室内环境检测收费标准(表3)为:

2.3 建筑档案资料复核费

建筑档案资料复核费包括:

(1)设计图纸复核费。记取办法可参照当地建筑结构鉴定收费标准。如:广东肇庆规定图纸复核费为2.5元/m²。

(2)监理档案资料审核费。可按二

作量的投入多少记取。

(3)施工档案资料审核费。可按工作量的投入多少记取。

(4)预算与结算审核费。可按标的额为基数加费率的方法记取。如根据广东省物价局[粤价(1998)72号(表4)]规定:

2.4 管理费

管理费是指司法鉴定单位维持业务工作正常开展所必须的开支,包括开办费、管理人员工资及工资性质的其他费用、办公费、交通费、场地租赁费等。视当地的经济发展水平而定。

2.5 计划利润

计划利润为政府部门规定的行业平均利润水平。

2.6 税金

税金为政府部门规定的应缴税额。

3 结语

3.1 建筑工程司法鉴定标准的管理

建筑工程司法鉴定收费标准制订

后,应由司法行政管理部门和物价部门联合管理监督实施。杜绝鉴定费用的高估冒算,也不允许恶性低价竞争。高估冒算的结果会造成国有资产流失,恶性竞争的结果会造成鉴定报告的粗制滥造,损害法律的尊严。

3.2 建筑工程司法鉴定的司法援助

建筑工程司法鉴定收费标准对于困难群众的司法援助范围应做出相应的界定。当事人交纳司法鉴定费用确有困难的,可以提出书面申请及相关证明材料,经最高人民法院司法鉴定中心审查,参照最高人民法院《关于对经济确有困难的当事人予以司法救助的规定》,给予减收或免收鉴定费用。

福建省物价局规定实行司法鉴定收费减免的三类情况为:

(1)凡是领取国家救济的孤寡老人、五保户、军烈属、残疾人免交鉴定费。

(2)幼儿园、中小学、福利院(孤儿院)、养老院、农村医疗机构(卫生院)、宗教用房以及生活确有困难者的私房,可以向当地房地产主管部门提出申请减免。

(3)涉及企业非住宅的房屋安全鉴定收费一律按上述规定标准的70%。

参考文献:

[1] 中国政法大学诉讼法学研究中心.司法鉴定制度改革座谈会纪要.北京:2000,中国诉讼法律网,www.procedurallaw.com.cn.

[2] 国家计委办公厅.关于最高人民法院司法鉴定服务中心司法鉴定服务收费标准有关问题的复函[s].北京:2002,计办价格[2002]38号.

[3] 陈成广,张增田.我省城市房屋安全鉴定收费新标准即将执行.海峡都市报.2002-11-15 www.hxdsb.com.

建筑变形观测的收费标准 表1

建筑变形观测	测斜(不含测斜孔置安费用)	孔、次	600元	不足10个孔的,最低收费按合同约定。
	地下水位(不含水位井置安费用)	点、次	200元	不足10个点的,最低收费按合同约定。
	土压力	点、次	200元	

钻芯法检测收费标准 表2

钻芯法检测	结构混凝土强度	每个芯样	500元	不足10个样的,最低收费按合同约定。

室内环境检测收费标准 表3

室内空气	家庭	单位
甲醛	300元/次	500元/次
氨	300元/次	500元/次
苯	300元/次	500元/次
氡	300元/次	500元/次
石材(上门检测)	150元/每品种	单位另计
石材(送样检测)	100元/每品种	单位另计
电磁辐射	300元/次	500元/次

受理法院鉴定工程造价取费标准 表4

受理法院鉴定工程造价(原被告单方有造价时)	2000万元以上	2000万元以下	1000万元以下	500万元以下	100万元以下		1000万元以上	1000万元以下	100万元以下	50万元以下
鉴定后工程造价						争议差额				
0.6%~1.2%	0.6%	0.8%	0.9%	1.0%	1.2%		3%	4%	5%	6%

建安工程发票岂能乱开

——A工商局与B建筑公司建筑工程款纠纷案

◆ 李俊华

(建纬律师事务所昆明分所，昆明 650031)

【基本案情】

1997年11月10日，A工商局与B建筑公司经协商订立了《建设工程施工合同》，约定由B建筑公司承建A工商行政管理局综合楼，承包范围为"土建、装饰、水电、电讯线路安装工程"，约定工程造价为人民币1610000元。合同约定开工时间为1997年11月10日，竣工日期为1998年6月25日。工程开工后，由于A工商局资金不到位，工程直至2000年12月25日方竣工验收，并最终于2004年6月4日办理完毕竣工结算，竣工结算的造价为人民币1767000元。

工程办理完毕竣工结算后，双方对于工程款是否已经支付完毕发生了争议，A工商局认为，工程款已经支付完毕并出示了由B建筑公司开具的全部工程款发票，金额为人民币1767000。B建筑公司认为，虽然A建筑公司持有自己开具的建安工程发票，但工程款中仍有511700元未支付，原因在于发票中的三张是先开发票，但是没有付款，而且发票的开具是应A工商局的要求。

双方经多次协商未达成一致，B建筑公司遂于2005年11月25日向A市中级人民法院提出了诉讼，要求判决工商局承担支付工程款511700元的义务并承担相应违约责任。

【法院的审理和判决】

A市中级人民法院受理本案后，依法开庭进行了审理，庭审中，笔者作为A工商局的委托代理人主要发表了如下代理意见：1、诉争的工程款511700元已经由A工商局向B建筑公司实际支付完毕。庭审调查证实，本案在整个《建设工程施工合同》履行期间，由于B建筑公司不具备收取转账支票的条件，A工商局对于工程款及材料款的支付均是以现金的形式向B建筑公司及材料供应商支付，在B建筑公司收取款项后，均是向A工商局出具"领条"或"白条"，此后双方于1999年进行了一次对帐，由B建筑公司根据对帐结果，一次性补开了8张发票并换回了此前由B建筑公司出具的领条和白条。

对于发票是由B建筑公司自愿开具且发票属于真实的发票的这一事实，B建筑公司在庭审中给予了承认，但是B建筑公司提出其中的三张发票(发票号"0136092"、"0136093"、"0136091")载明的金额511700元A工商局并未实际支付。然而作为正式开具的发票，属于有效的付款凭证，是用于证明付款行为发生的重要财务凭证。《中华人民共和国发票管理办法实施细则》第三十三条规定"填开发票的单位和个人必须在发生经营业务确认营业收入时开具发票。未发生经营业务一律不准开具发票。"因此作为有效结算凭证的发票一经开出，具有证明款项已经支付的作用。虽然B建筑公司一再声称发票是由于A工商局的欺骗开具的，但是却没有提出任何相反的证据证明其观点，其主张依法不能成立。

2、B建筑公司的观点既缺乏证据，也不符合常理及逻辑。

假如本案中确实存在B建筑公司先开发票A工商局后付款的情况，从常理及逻辑上分析，A工商局随后的付款行为应当先冲抵先前已经开具的发票，但是本案中在存有争议的三张发票于1999年5月15日开出后，A工商局还向B建筑公司支付过14次工程款及生活费，总计金额为人民币318015.9元，每次付款B建筑公司都一一对应开具了发票，付款时间从2001年5月15日一直持续到2005年5月12日，而在2004年12月A工商局清理各部门基建款之前，B建筑公司却从来没有提出过对原来已经开具的三张发票进行冲抵或付款的请求，其陈述显然既不符合常理也不符合逻辑，依法不能成立。

3、证明债权债务关系的存在，应当有确实充分的证据，但是本案中，B建筑公司仅凭在A市地方税务局于1999年4月对其检查税务情况时，由A工商局原局长在B建筑公司缓交税款的《申请书》上签署的"因款未到位，情况属实"的意见，欲证明A工商局仍欠其511700元工程款，显然不能成立。首先，局长签署该意见，其目的仅仅是帮助B建筑公司缓交税款，并没有在意见中表明欠B建筑公司工程款及欠款金额，B建筑公司B建筑公司以此证明债权债务关系存在，没有任何法律和事实依据。其次，税务机关对B建筑公司实施检查的时段（期间）是1998年元月至1998年的9月，查实B建筑公司在此期间没有如实申报的收入数额为931975元。再次，对于1998年9月以后的收入，由于并非实施检查的期间，仅凭税务机关的《税务检查报告》及《税务处理决定书》不能证明A工商局在1998年9月以后没有支付工程款，更不能证明已经开具的三张发票511700元没有支付的事实。另外，1998年9月至B建筑公司补开发票的1999年5月期间，正是工程紧张施工的时段，假如A工商局长达8个月的时间里没有向B建筑公司支付工程进度款，早就导致工程停工了，因此B建筑公司的理由完全不能成立。

法院经审理认为"B建筑公司主张A工商局欠其工程款511700元的事实证据不足，其提交的证据不能证明其所要证明的欠款事实，相反却证明了A工商局已经支付了工程款的事实。"据此判决：

驳回B建筑公司的诉讼请求。

【案件解析】

实践中，建筑公司应发包人要求先开具发票后收款的情况并不鲜见，并且由此而引发的纠纷具有典型性和代表性。如前所述，发票是财务结算的重要凭证，发票一经开出，在财务上代表经营行为已经发生。而从法律角度看，发票是属于证明债权债务关系结清的重要证据。

根据最高人民法院《民事诉讼证据若干问题的规定》第二条规定"当事人对于自己提出的诉讼请求所依据的事实或者反驳对方诉讼请求所依据的事实有责任提供证据加以证明。没有证据或证据不足以证明当事人的事实主张的，由负有举证责任的当事人承担不利后果。"在本案中，法院的审理即严格遵循了这一举证责任的分配原则，在A工商局出示发票后，B建筑公司不予承认已经付款的，由B建筑公司承担举证责任。由于本案中双方在具体履行合同时，对于合同约定的"转账支付"方式进行了变更，变为现金零星支付最后统一换开发票的方式，因此B建筑公司无法举证证明款项未实际支付，法院据此推定其理由不成立，导致败诉。

在此需要提醒广大建筑施工企业的是，在纠纷发生并提交法院裁判后，作为审理案件的法官而言，只能凭双方提交的有效证据判断案件事实，因此法院所能确认的事实是经由庭审举证、质证后得出的结论，即通常所说的"法律事实"，追求"法律事实"与"客观事实"的一致，是案件审理的最高标准，但是居中裁判案件的法官不是当事人，没有经历事实发展的过程也不可能站在偏向任何一方的角度考虑问题，而只能根据"谁主张谁举证"的原则，对双方证据的真伪、证明力大小进行分析判断后，做出结论。这样的结论也许由于不符合客观事实而导致当事人实质上权利受损，但对于任何一个潜在的当事人而言，却是通过司法救济程序能够做到的最为公平的结论。

所以说：绝对的公平是不存在也是不可能存在的，而能够把握和实现的只有相对的和符合程序的公平。

建筑企业应当自问：建安工程发票——岂能乱开！

建设工程合同管理基本任务与常见问题

◆ 卢智光

(广州市第二建筑工程有限公司,广州 510045)

摘　要:本文从分析建设工程基本分类与合同管理核心工作出发,剖析了当前建筑市场出现的常见合同问题与其根源,并提出了初步建设。

关键词:合同管理;基本任务;根源

1 建设工程合同的种类

建设工程合同可按承揽方式和计价方式分类:

1.1 按承揽方式分类

1)工程总承包合同:是指由发包人与承包人之间签订的包括工程建设全过程的合同。

2)工程分包合同:是指总承包人将中标工程项目的某部分工程或某单项工程分包给另一分包人完成所签订的合同,总承包人对外分包的工程项目必须是发包人在招标文件合同条款中规定允许分包的部分。

3)劳务分包合同:通常称为清工合同,即在工程施工过程中,劳务提供方保证提供完成工程项目所需的全部施工人员和管理人员,不承担劳务项目以外的其他任何风险。

4)劳务合同:是发包人、总承包人或分包与劳动提供方就雇佣劳务参与施工活动所签订的协议。

5)联合承包合同:即由两个或两个以上合作单位之间,以总承包人的名义,为共同承包某一工程项目的全部工作而签订的合同。

1.2 按计价方式分类

主要有总价合同、计量估价合同和成本加酬金合同等三种合同形式。

2 建设工程合同管理的基本任务

建设工程合同管理是建设工程项目管理的核心,建设工程合同管理是工作始终贯穿于项目管理的全过程。可分两个阶段来阐述合同管理的核心工作内容:

2.1 建设工程合同签订前

1)对建设工程招标文件进行分析和合同文本审查,并作出相应的分析报告,对建设工程合同的风险性及可以取得的利润作出评估。

2)进行建设工程合同的策划,如分包合同策划,解决各合同之间的协调问题。并对分包合同进行审查。

3)为建设工程预算、报价、合同谈判和合同签订提供决策的信息、建议、意见等,对合同修改进行法律方面的审查,配合企业制定报价策略,配合合同谈判。

1.2 建设工程合同签订后

1)建立建设工程合同实施的保证体系,以保证合同实话过程中的一切日常事务性工作有秩序地进行,使工程项目的全部合同事件处于控制中,保证合同目标的实现。

2)对合同实施情况进行跟踪;收集合同实施的信息,收集各种工程资料,并作出相应的信息处理,将合同实际情况与合同分析资料进行对比分析,找出其中的偏离,对合同履行情况作出诊断,提出合同实施方面的意见、建议,甚至发出预警信号。

3)进行合同变更管理。主要包括:参与变更谈判,对合同变更进行事务性处理,落实变更措施,修改变更相关的资料,检查变更措施的落实情况。

4)日常的索赔和反索赔工作。

3 建设工程合同管理常见问题

在工程承包合同中,往往会因种种原因出现各种问题,使得工程承包单位蒙受不应有的损失。

3.1 在工程承包合同中,常见的问题主要有

1)因缺少必要的法律常识,合同签订后才发现合同中缺少一些必不可少的法律条款;合同虽已签字但不具备法律效力,使得因履行合同造成损失或发生经济纠纷后承包人得不到法律的保护。

2)在合同执行过程中发现原订合同有些条款因考虑不周,含糊不清,难以分清双方的责任和权利,合同的条款之间、不同的合同文件之间的规定和要求相互矛盾或不相一致。

3)合同双方对同一合同的有关条款理解各异,而合同中未能做具体解释,使得合同双方在合同履行过程中因意见不一致而产生矛盾或争议,以致合同无法正常履行。

4)合同条款漏洞太多,对许多可能发生的情况未作充分估计,因而亦未能相应研究考虑一些补救的条款在合同中做出具体规定。

5)合同一方在合同实施中才发现合同的某些条款对自己极为不利,隐藏着极大的风险,或过于苛刻,使工程合同无法履行。

3.2 按阶段划分常见的问题

建设工程合同管理中在合同签订阶段出现的常见问题有:

1)合同主体不当。合同当事人主体合格,是合同得以有效成立的前提条件之一。而合格的主体,首要条件应当是具有相应的民事权利能力和民事行为能力的合同当事人。这里要防止两种倾向:一是虽然具有上述两种能力,但不是合同当事人,即当事人错位,也是合同主体不当;二是虽然是合同当事人,但却不具有上述两种能力,同样是合同主体不当。

2)合同文字不严谨。不严谨就是不准确,容易发生歧义和误解,导致合同难以履行或引起争议。依法订立的有效的合同,应当体现双方的真实意思。而这种体现只有靠准确明晰的合同文字,可以说,合同讲究咬文嚼字。

3)合同条款挂一漏万。就是说不全面、不完整、有缺陷、有漏洞。常见漏掉的往往是违约责任。有些合同只讲好话,不讲丑话;只讲正面的,不讲反面的,不懂得签合同应当"先小人后君子"的诀窍。一旦发生违约,在合同中看不到违约如何处理的条款。

4)只有从合同而没主合同。主合同是指能够独立存在的合同,如建筑工程总承包合同等。从合同是指以主合同的存在为前提才能成立的合同,如建筑工程分承包合同及保证合同、抵押合同等。没有主合同的从合同是没有根据的合同。

5)违反法律法规签订无效合同。《合同法》第52条规定,违反法律、行政法规的强制性规定签订的合同属于无效合同,而无效合同是不受法律保护的。目前不少建筑企业所签订的合同,有些是以合法形式掩盖非法目的的,实质也是无效合同。

6)境外合同文本的疑问。我国加入WTO后,有些合同使用境外文本。由于国情不同、语言文字不同,加上翻译问题,这些合同文本存不少疑问。对这些疑问不能回避,必须在合同上加以澄清,弄清其含义,或堵塞其漏洞,以免造成损失。

建设工程合同管理中在合同履约阶段的问题:

1)应变更合同没有及时变更。在履约过程中合同变更是正常的事情,问题在于不少负责履约的管理人员缺乏这种及时变更的意识,结果导致了损失。合同变更包括合同内容变更和合同主体的变更两种情形。合同变更的目的是通过对原合同的修改,保障合同更好履行和一定目的的实现。作为承包方的建筑施工企业,更重要是为了维护自己的合法权益。关键在于变更要及时。

2)应当发出的书函(会议纪要)没有发。在履约过程中及时地发出必要的书函,是合同动态管理的需要,是履约的一种手段,也是建筑企业自我保护的一种招数,可惜这一点往往遭到忽视,结果受到惩罚。《建设工程施工合同(示范文本)》,把双方有关工程的洽商、变更等书面协议或文件视为合同的组成部分。

3)应签证确认的没有办理签证确认。履约过程中的签证是一种正常行为。但有些建筑公司的现场管理人员对此并不重视,当发生纠纷时,也因无法举证而败诉。

4)应当追究的超过了诉讼时效。建筑行业被拖工程款的情况相当严重,有些拖欠没有诉诸法律,但当起诉时才发现已超过了两年的诉讼时效,无法挽回损失。超过了诉讼时效等于放弃债权主张,等于权利人放弃了胜诉权。

5)应当行使的权力没有行使。《合同法》赋于了合同当事人的抗辩权,但大多数建筑公司不会行使。发包方不按合同约定支付工程进度款,建筑公司可以行使抗辩权停工,但却没有行使,怕单方面停工要承担违约责任,结果客观上造成了垫资施工,发包方的欠款数额愈来愈大,问题更难解决。

6)对证据(资料)的法律效力没有给予足够的重视。并不是所有书面证据都具有法律效力的。有效的证据,应当是原件的、与事实有关的、有盖章和(或)签名的、有明确内容的、未超过期限的。不具备法律效力的书面证据只是废纸一张。

4 合同管理出现问题的根源

4.1 法律意识淡薄

有相当部分企业对履行施工合同备案法定程序缺乏自觉性,承发包双方签订了施工合同后,不按规定办理备案手续,回避建设行政主管部门的监督管理;二是个别单位不采用国家统一的施工合同示范文本而自订条款;

部分发包方不执行国家的法律、法规,而各行其是,甚至个别单位自定章程代替法规,有的背地私下另行签订合同来约束承包方;个别承包方不具备法人资格,超越权限对外签订合同;有的单位不使用合同专用章。上述问题产生的原因,是由于某些领导及合同承办人员的法律意识淡薄,对建设工程施工合同签订和改造应具有严格的法定程序的重要性和必要性认识不足。主要是建筑业不少从业人员对市场与合同、合同与合同管理两对关系缺乏认识。

企业合同管理是市场经济条件下企业管理的一项核心内容,企业管理的方方面面都应围绕着这个核心而开展。成功的企业合同管理,是把合同的权利义务按职能分工分解到各部门,由各部门去履行属于自己职能范围的权利义务。只有这样、合同管理才能真正到位,履行责任才能真正落实。可以说,企业合同管理是一个系统工程,需要各子系统、分系统共同配合。

4.2 对承发包主体资格的审查缺乏深度

承发包的"主体"资格,即发包方的"发包主体资格"和承包方的"承包主体资格",这是建设承包开展必须具备的资格和基本条件。当前有关部门在工程发包时比较重视对"承包方"主体资格的审查,而忽视对"发包方"主体资格的审查,特别是对工程款支付能力的审查不够严格。有些发包方将能否垫资作为招标和选用承包方的先决条件,导致有关施工许可手续已经办完,工程款仍无着落,根本不具备履约能力。而一些急于找米下锅的承包方

火力发电厂建设中建造师P3软件的应用技术

◆ 刘 彬

(东北电力集团公司第四工程公司，辽宁 辽阳 111000)

摘　要：本文结合火力发电厂建设总承包工程项目管理及建造师专业知识，就P3软件从应用过程到具体方法进行阐述，突出实用性，力求对建造师电力工程管理的能力提高有一定的帮助作用。

关键词：建造师；P3软件；应用技术

为适应国民经济发展对电力的需求，我国装机容量逐年快速增加，单机容量大幅提高，已经发展到1000MW的超大型火电机组大规模建设。大容量机组的建设，对工程建设项目管理提出了更高的要求。目前在电力建设行业也涌现出一批建造师。他们的职业素质和职业能力不但关系到具体的一个电建工程的质量和品质，也关系到我国电力建筑企业的综合竞争力水平和能力，关系到电力事业发展和可持续发展的大问题。这就需要在新的时代要用新的管理思维与方法、新的管理技术，火力发电厂建设和其它行业一样借助先进的P3软件进行工程项目管理。

P3软件是美国工程项目管理软件，在国际上有极高的知名度，代表了工程项目管理发展潮流与趋向。如何将该软件在电厂建设工程项目管理中进行科学合理地应用，实现优化整合公司的资源，确保工程顺利有效实施，达到增效降耗等诸多方面的作用？本文从应用过程到具体内容进行阐述，突出实用性，希望对建造师的管理能力提高有一定的帮助作用。

1　应用技术流程

1.1　初始准备

在电厂建设工程项目部组建阶段以电厂建设工程项目管理经验丰富、了解P3软件管理技术的建造师为组长、项目总工程师为副组长、其他班子成员为组员组成P3应用领导小组和以项目总工程师为组长、工程部部长为副组长、各专业P3专工为组员组成P3应用实施小组，形成P3应用的管理体系。

深入电厂建设现场详细收集信息，了解工程工期、标段划分、质量要求、机组参数、气象、水文、地质等情况。结合工程项目的实际特点，项目部制定实施P3软件的组织措施、技术措施、P3网络计划编制流程、P3实施规划、作业代码编制规则、WBS编码规则、作业分类码

"忍辱负重"，在施工过程中不惜以贷款垫资为代价，去满足发包方的要求，致使工程款旧账未清，又欠新帐，拖欠工程款的三角债现象相当普遍。加强对发包方主体资格的严格审查和管理已成为规范建筑市场刻不容缓的一大课题。

4.3　制度根源

这里制度是指企业缺乏一套严谨的合同管理制度，对合同管理未能体现规范化、法制化和科学化的要求，管理措施不配套。

建设合同管理工作是一项复杂的系统工程，必须有相应的配套措施，而当前存在着两个突出问题一是规范建设工程施工合同管理工作的法律法规尚不健全，缺乏系统性；二是涉及施工合同履行的有关法规修改和调整工作滞后。近年来，发包方对优质工程的要求越来越高，工期越来越短，而目前的工期与质量奖罚的具体办法和标准却没有相应的调整和出台，远远不能适应当前建筑市场和施工合同管理机制的需要。

4.4　部分企业施工合同管理人员的业务素质较低，企业内部的合同管理比较薄弱

有些施工管理人员的法律意识，合同条款填写不认真，语言表达不严谨，条款内容不完备，错漏较多。部分企业内部缺乏严格的规章制度，没有形成领导主管，职能部门执行，承办人员专管的内部管理网络机制。

建设工程市场亟待不断完善，加强建设工程合同管理，按市场运作法则推进工程项目管理，使合同主体能够最大程度上维护各自权益。各个企业应从市场环境、企业本身状况与具体工程项目特点出发，制定与实施一套系统工程合同管理办法。作为各级建设行政主管部门也理应加强工程建设行业管理，发挥政府宏观调控与具体监管的作用，营造一个健康、宽松与和谐的建筑市场氛围。

编制规则、资源及费用加载规定、目标计划更新流程、现行进度更新流程，使电厂建设项目管理朝着"全面详细计划、严格按计划实施、及时反馈更新、严密动态跟踪对比"的P3管理模式进行。

1.2 计划制定

针对电厂建设整个项目过程中的时间进度、各种资源和资金费用进行计划安排，包括建立工程目标和工作范围（WBS结构）、建立作业代码和作业分类码、确定每个作业的工作时间（包括计划工期和作业日历）、确定每个作业的资源量并实施加载、建立作业间逻辑关系、费用预算等，经过进度计算得出工程完工日期最长的连续作业路径或总时差为"0"的作业线路，即为关键线路。

详细的施工作业计划的编制，资源编码的定义，资源的加载，费用科目的定义及费用的加载，都需在电厂建设项目部的组织规划下，由建设施工分包方完成。同时，为了计划的有效性、易控性、可操作性和动态特性，还需多次对计划进行优化、组合与分解，不断调整以使计划达到实用性、指导性。在电厂建设工程项目的实施中，项目部的进度计划编制按照"自上而下、逐步深化和自下而上、汇总协调"的过程。电厂建设工程项目部的进度计划管理层次，为了便于工程进度分析控制，可根据实际情况从P3中摘取内容编制年度计划、半年度计划、季度计划、月度计划和周计划。

进度计划编制后，要对进度计划进行分析，通过进度压缩以及资源平衡等手段，保证在合理工期内最大程度的均衡施工和各种资源的优化配置，从而形成一个可行的、优化的工程实施网络计划。

1.3 控制整合

在电厂建设工程项目管理的实施过程中，P3小组根据不同作业的特性，采用日收集、周更新、月总结的方法进行工程动态管理。每日及时采集、录入现场的工程进展情况的数据，包括作业完工尚需时间、进度完成百分比、工程量的实际完成量、资源实际使用量、费用开支、作业记事等，并于每周进行汇总和进度计算，进行进度分析、比较，同时与业主P3交换数据。弄清制约当前工程进度的诸多因素，并加以整理、归纳、分析，将结果反映到P3计划中，经过P3软件计算，再提出新的调整计划用于实施和控制。

严格按计划执行，定期更新、分析、比较，实现对工程的静态控制、动态管理。P3施工计划的编制是以"火电施工质量检验及评定标准"为依托，结合以往工程的施工经验，根据工程的总工期、设备及图纸的供应进度等实际情况来完成的。P3控制更新时，把时间进度和与时间进度尚未涉及的信息内容加载到新的进度计划上，在实际工作中满足不同层次对进度计划信息的要求。

1.4 结束总结

P3软件应用的结束阶段，应及时进行总结。通过对P3现行计划与目标计划进行对比、分析，盘点本期计划的完成情况，从中发现影响现行进度计划的施工安排、人力和机械资源配置、图纸和设备供应、其他标段的相互影响等问题和原因，进行正确决策和协调。尤其注重对业主确定的各考核点的紧前作业的完成情况进行盘点，对其影响程度和风险等级进行超前预测，通过对施工工序、资源、费用投入量的修正来调整当前的施工网络计划，从而保证总体目标和重要节点的顺利实现。

使用P3软件进行计算后，形成供审阅的各种图表、数据，即对火电厂建设工程的最终实施过程进行各类图表描述，并加以小结，得出有关的经验和不足。

2 应用技术方法

2.1 工程设计

工程设计又分为基础设计（初步设计）和详细设计（施工图设计）两个阶段。应用P3软件管理统筹安排，在基础设计阶段，除完成基础设计的相关技术文件之外，还完成设备招标所必需的设备技术规范书及招标书、完成施工单位及安装单位的招标工作，在整个设计过程中，根据工作进展情况安排设计联络会。

应用P3软件制定设计计划，电力设计院将在总承包合同授予后的最快时间里派遣优秀的设计人员到现场提取所有的设计原始资料，并进一步核实资料的准确性。在投标技术资料的基础上，充分结合业主的具体技术要求，在第一次设计联络会和第二次设计联络会上与电厂进行充分的交换意见，使电厂建设工程初步设计在第三次设计联络会召开之前顺利通过审查。初步设计审查通过之后，立即进行详细设计，同时进行主要设备的招标工作。按P3计划实施在设备确定之后，迅速将设备技术资料提交设计分包商，努力创造设计的最佳设计环境，以保证土建按时开工。在施工图设计的时间里，所有的设计进度计划将与现场施工进度计划相配套。在施工图纸提交施工现场之后，立即组织施工分包商、邀请监理工程师、招标人代表参加图纸会审交底活动，完善设计技术工作，设计接口的技术工作将由专业工程师进行完善。

2.2 设备采购

P3软件应用于火电厂建设设备的招标及采购中，一般来说可根据具体情况至少分两批集中进行，以降低采购成本。第一批招标采购的设备，一般是制造周期较长、或者是安装阶段工期靠前的设备，以及运输时间较长如进口设备等。其他次要的、辅助的、或者制造周期较短的设备可安排在第二批进行招标采购。使用P3软件管理做到，设备的到货首先应考虑不影响安装的工期，其次再考虑尽量缩短在现场的堆放、保管时间，以降低成本。

在初步设计审查通过之后，主要的技术要求已经得到认可和明确，为了确保进口设备和国产大型设备的交货进度，应立即进行设备的招标采购工作。国外设备的招标工作是重点，在招标过程中将明确设备从设备合同签订到设备运抵现场的时间，这样才能确保施工的连续性。建造师部按照工程P3进度计划安排，提供设备到场时间，落实设备安装的条件，以确保设备到达现场后即

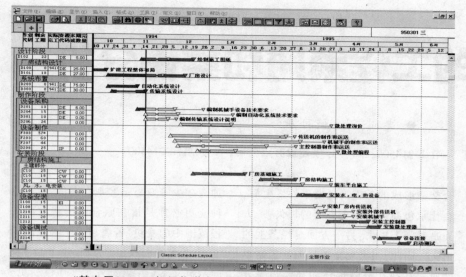

"某电厂600WM机组化学水工程项目WBS进度甘特图"(部分)

可安装。设备的出厂验收和现场验收工作，将在与设备分包商的合同中详细约定，关键设备的验收程序和时间安排将在第一时间通知招标人和监理工程师。

2.3 施工安装

应用P3软件管理可实现，基础工程、钢筋模板工程、主体建筑等工程施工进度和资源各方面与层次的整体协调；锅炉本体、锅炉辅机、汽机本体、输煤、脱硫、化学、除尘等设备安装工序间得到了有机的协调；各施工部位得到了统筹兼顾，各施工时段进度计划得到了保证。

P3软件中资源的定义与加载，可以将现有资源（包括人力和机械资源）进行合理的调配，避免了以往存在的资源不合理调配现象。大型机械往往是工程中"资源紧缺"的焦点，通过在P3中建立资源库，在相应的作业中加载资源，然后进行资源的平衡，把不合理的资源安排在计划编制时就合理地平衡好，避免不合理的资源安排。对P3过滤出的关键工序，同时需用大型机械、集中耗工较多的施工项目采取组织有关施工人员两班倒、轮流连续施工方式按规定工期完成，对现场机械灵活调度，合理使用，不窝工。

应用P3软件管理优化电厂建设工程的资源，可解决施工场地狭小，吊装机械利用率较低，高空立体交叉作业多等问题。对相互干扰、有影响的施工项目，如焊接、保温及油漆、现场整理及清扫等，往往采用"倒班"这种打时间差的方式完成各自的任务。在炉机本体开工同时，安排相关辅机及附属设施施工，条件具备时，机务、电气、热工交叉作业，这样可充分利用现有人力资源，降低施工高峰，做好物质供应、技术准备，将后续工序提前，使各项工作提前；改变电气、热工在机务施工高峰时工作不多，而机务高峰过后电气、热工拼命抢进度，导致检验、调试时间少，系统匆忙投用，出现故障多，启动调试周期长的弊病。做到施工一项，优质完成一项，在注重外表工艺同时，提高施工内在质量。

利用P3软件应考虑到锅炉本体、汽机本体安装是电厂建设装置的施工主线，千方百计缩短该项目的工期就能使总工期得到确保。合理调配人力，合理安排工序，以实现效率最大化；加强事先策划，优化施工方案措施，制订恶劣气象条件下特殊的施工防范措施，多开工作面，多组织技术工人早进点，及时协调平衡等等，以达到缩短关键项目工期这一目的。把好设备验收、解体检查关，绝不允许有问题的设备进入下道工序。

做好P3三级进度的编制、跟踪和更新。电厂建设工程，其中任何环节出问题都会影响到其它方面甚至总体进度。通过工程协调，各协作方事先提出要求，为电厂建设项目施工创造有利的外部条件，同时也为下道工序提供方便及条件，以促使工程总体进程加快。

2.4 调试试运

电厂建设工程系统调试分为单体调试(分部试运)、系统调试及性能测试等阶段，应用P3软件于调试进度调整与优化，实现了电厂建设设备测试的动态管理。

调试人员按照P3计划及时进驻现场，熟悉设计资料，掌握各个设备、系统的情况，在单系统调试开始之前，在调试专家指导下，建造师调试总工程师组织调试工程师、设备制造商编制完成本工程的调试大纲和操作运行维护手册。在热态调试之前的调试过程中，充分发挥调试工程师的调试能力，将各个系统调试到最佳状态，使之达到发电厂整套启动的条件。在热态调试过程中，要求调试工程师重点控制锅炉水位、炉膛温度调整、化学水品质调整、除尘脱硫系统的调整等主要影响装置运行的参数。对调试过程中出现的各种问题，组织相关人员应用P3软件进行分析并寻找解决的办法，努力确保调试进度。

3 结语

随着时代的发展，现代项目管理作为一种系统的管理和技术，形成了一套完整的理论知识体系。新的管理思维与方法越来越多地被大家所接受，项目管理知识在电力、水利、化工、能源、环保、冶金等行业广泛使用。在项目管理中建造师的作用是决定因素，而P3软件仅是工具而已，使用的效果如何，作用多大，关键取决建造师的项目管理知识和管理水平。为了把发电厂工程建设项目管理提升到一个新的高度，建造师除了要掌握项目管理理论和技术，还必须会在实际施工(生产)中应用，做到理论和实际相结合，借助先进的项目管理软件工具，把发电厂工程项目管理做好，达到成本最低、质量达标、工期合理，安全可靠。

建设工程的工程索赔和案例分析

◆ 史同鑫[1]　鲍可庆[2]

(1.靖江市建设局，江苏 靖江 214500；2.江苏广宇建设有限公司，江苏 靖江 214500)

1 索赔的概念

1.1 定义

建设工程索赔是指在工程承包合同履行过程中，作为合法的所有者及权利方由于另一方未履行合同所规定的义务而遭受损失时，向另一方提出赔偿要求的行为。建设工程项目承包合同，是业主和承包商双方权利和义务对等的合约，当事人任何一方在享受合同赋予的权利的同时又必须履行合同所要求的责任和义务。一旦一方没有履行自己的义务，客观上就造成违约，若这种违约行为给另一方造成损失，违约方必须按照法律和合同的规定给对方予以补偿，这是正常的和合情合理的情况，并非是对任何一方不友好的惩罚行为，只是对实际损失和额外费用的一种补偿，因此，承、发包任何一方对于工程索赔必须要正确对待。索赔在一般情况下都可以通过协商方式友好解决，若双方无法达成妥协时，争议可通过仲裁或者诉讼的方式解决。

1.2 索赔的起因和种类

1. 工程项目实施过程中产生索赔的原因是多种多样的，依据建设工程项目的自身性质和特点，主要有以下一些原因：

(1)延误索赔

工期延误是由于非承包商的各种原因而造成的施工进度推迟，导致施工不能按原计划时间进行。工程延期的原因有时是单一的，有时又是多种因素综合交错形成的，施工延期事件发生后，会让承包商造成两个方面的损失，一方面是时间上损失，另一方面是经济上的损失。因此，当出现施工延期的索赔事件时，往往在分清责任和补偿损失方面，承、发包双方易发生争端。

(2)不可预见的外部障碍和条件引起的索赔

不可预见的外部障碍和条件是指一般有经验的承包商事先无法合理预料的，例如突发的自然灾害、未探明的地质断层、沉陷等，另外还有地下的障碍物，如：经承包商现场考察确实无法发现的，而在业主资料中未提供的地下人工建筑、自来水管道、坑井、隧道、砼基础等，这些都需要承包商花费更多的时间和金钱去克服和消除这些障碍与干扰，因此，承包商有权据此向业主提出索赔要求。

(3)合同缺陷索赔

合同缺陷常出现在合同文件规定不严谨，合同中有遗漏和错误。在这种情况下，承包商应及时将缺陷反映给监理工程师，由其作出解释，造成施工工期延长或成本增加，承包商有权提出索赔，由业主给予相应的补偿，因为合同往往是由业主起草的，所以应该对合同中的缺陷负责，除非其中有非常明显的遗漏或缺陷，依据法律或合同可以推定承包商有义务发现并及时向业主报告，这符合合同解释的一般原则。

(4)合同变更索赔

合同变更含义很广泛，包含了工程设计变更、施工方案变更、工程量的增加与减少等变更是客观存在的，只是这种变更必须是指在原合同所包含的工程范围中的变更，若属超出工程范围的变更，承包商有权拒绝。在《建设工程合同示范文本》中："如发生实质性变更，由双方协商解决"，赋予承包商很大的主动权，如工程量呈大幅度增加，则会导致承包商扩大工程成本或造成资源浪费，承包商均有权提出索赔。《建设工程合同示范文本》还规定"因合同变更导致合同价款的增减及造成承包人的损失，由发包人承担，工期顺延。"

(5)风险分担不均引起索赔

建设工程项目承包是市场经济条件下的商业竞争，包含着许多风险。业主和承包商均有合同风险，但是承包商承担的风险一般都比业主多，其原因主要是工程承包市场是"买方市场"这一个客观规律所决定的，因此，业主处处都处于主导地位，而承包商处于弱势地位，承包商只有通过索赔的方法来减少风险所造成的损失，业主应该适量地弥补由于各种风险所造成的承包商的损失，以求公平合理地分担风险。

(6)业主违约所造成的索赔

业主违约常发生的事件，是指业主未按合同规定的时间内按时支付工程款；未按合同规定的时期交付施工现场、道路、接通电、水、通讯线路等；由业主提供的材料或质量不符合合同标准等行为；在工程施工和保修期间，由于非承包商原因造成未完成或者已完工程的损坏。

(7)其他原因引起的索赔

如由于工程项目所在国政策及法律变更或者由于货币乃汇率变化等,承包商均有权提出索赔等等。

1.3 按照索赔的起因分类,一般分以下5种

(1)业主违约索赔

(2)合同缺陷索赔

(3)合同变更索赔

(4)工程环境变化索赔

(5)不可抗力因素索赔

2 索赔的处理

2.1 索赔工作的程序

索赔工作是指对一个或多个具体的干扰事件进行索赔所涉及到的工作,从总体上分析,承包商的索赔工作包括以下两个方面:

1. 承包商与业主和工程师之间涉及索赔的一些业务性工作,这些工作以及工作过程通常由承包合同条件规定,承包商必须严格按照合同规定办事,按合同规定的程序工作,这是索赔有效性的前提条件之一。

2. 承包商为了提出索赔要求和使索赔要求得到合理解决所进行的一些内部管理工作,这些工作必须与合同规定的索赔程序同步地协调进行,并应融合于整个施工项目管理中,在项目实施过程中处理,同时又获得项目管理的各职能人员和职能部门的支持和帮助。

根据国际工程承包的客观要求,1987年FIDIC合同条款第四版专门引入了一个索赔程序,对索赔的通知和证明均有时间限制,并要求保持同期记录,监理工程师与业主和承包商三方协商解决索赔事件,或者提交仲裁或诉讼解决。在我国《建设工程施工合同示范文本》中对索赔也做出了一些具体的要求。

2.2 索赔工作通常可为如下几个步骤

1. 承包商提出索赔意向的通知

当引起索赔的事件发生,或承包商意识到存在有潜在的索赔机会时,首先就是由承包商在一定时间内(FIDIC条款规定为28天)将有关索赔的情况及索赔意向书面通知监理工程师。对于承包商来说,及时提出索赔意向通知,也可对承包商自身起到保护和主动作用。

2. 承包商提交索赔证据资料

监理工程师和业主一般都会对承包商的索赔提出一些质疑,要求承包商做出解释或出具有力的证明材料。因此,承包商在提交正式的索赔报告之前,必须尽力准备好与索赔相关的一切详细资料,以便在索赔报告中使用,或在监理工程师和业主要求时出示。

3. 进一步补充索赔理由和证据

监理工程师在收到承包商的提交索赔证据资料后,有时会要求承包商进一步提供补充索赔理由和证据。

4. 编写索赔报告

索赔报告是承包商在合同规定的时间内向监理工程师提交的,要求业主给予一定经济补偿和延长工期的正式书面报告。索赔报告的水平和质量如何,直接关系到索赔的成败与否。

3 索赔的机会

在建设工程施工合同中,不仅明确了业主、承包双方为共同履行合同应负的一般责任,而且明确规定了双方发生违约的责任,除了对已经具备确定数量、质量、规格、品种、规范作了明确的限制条件外,还对一些尚无法确定的可能因素也作了意向性的规定,从索赔管理的方面看问题,只要在履行合同中发生非承包商原因的事件,都会给承包商造成索赔的机会,反之也会给业主造成同样机会。现实建设工程施工中经常发生的下列事件就潜在着索赔机会。

1. 业主提供的施工场地条件与合同约定出入较大,使承包商重新布置施工平面,不能按原计划日期开工。

2. 业主没有按合同约定计算工程款和支付工程进度款。

3. 业主不同意承包商提出的有关工程问题处理方案,但又迟迟不提出可行的新方案,影响工程的正常进行。

诸如此类的事件均潜在着索赔机会,但这并不意味着承包商能够获得费用补偿或工期补偿,如果承包商不主动提出索赔申请,业主是不会主动给予任何补偿;承包商提出的索赔依据不充分时,业主则不会同意其索赔要求,承包商提出的索赔费用计算方法不符合规定时,业主会大幅度扣减索赔费用。在索赔管理工作中能否及时、全面、准确地发现潜在索赔机会,与索赔管理人员的经验和业务水平有着密切的关系。

4 索赔的审查和处理

对实际工程中,由于业主、承包商双方对工程管理目标和出发点的不同,对索赔事件的分析也常有不一致的情况,当承包商按照自己的理解和利益提出索赔要求时,监理工程师在批准过程中的审查也就理所当然。

施工索赔的提出与审查过程,是当事双方在合同基础上,逐步分清在某些索赔事件中的权力和责任以使其数量化的过程,作为业主或监理工程师,应明确审查的目的和作用,掌握审查的内容和方法,处理好索赔审查中的特殊问题,促进工程的顺利进行。

当承包商将索赔报告呈交监理工程师后,监理工程师首先应予以审查评价,然后与业主和承包商一起协商处理。

5 工程索赔案例分析

案例一 工期索赔

案情:某建筑公司(简称乙方)承接了某医院外科手术楼土建施工项目,与甲方签订了招标施工图纸基础上的固定价格合同施工合同(合同中包含风险),并附有工程量清单。开工前乙方提交的施工组织

设计、施工进度计划总表及材料使用表已被甲方及监理工程师认可。

开工16天后，因项目其他安排需要，甲方书面通知乙方该楼外侧配电房及泵站部分必须提前25天完工，并交付甲方作为其他项目的交通用地。

配电房及泵站是钢筋砼结构，建筑面积约600m²，砼浇注量约为165m³，原施工进度计划表中该部分施工进度为60天。

5天后，乙方同意将该部分工期压缩在35天内，但同时提出如下费用索赔报告，主要两项费用为：

(1) 加速施工措施及额外人员费月；

(2) 增加施工机械及模板、支撑件费用。

甲方收到报告后，转其聘请的造价咨询单位(简称丙方)处理。丙方受理后首先向甲、乙双方提出，先由乙方按新进度要求编制施工组织设计报告，经认可后再在此基础上核定额外费用。7天后新的施工方案经各方认可，丙方的费用审核意见如下：

(1) 按新方案，砼浇筑后的养护期仍为28天，但乙方在索赔报告中未提出为加速施工而额外增加的施工措施与人员的有力依据，该项费用不予认可。

(2) 砼结构的模板与支撑用量增加，其中泵站中的异形柱为特殊加工的钢模板，乙方该项报价合理，但应扣除钢板残值。其余增加的模板与支撑只应按市场合理租赁价考虑。

(3) 因配电房及泵站完工后归甲方使用，因此建议甲方另行安排一面积上大小相符的临近施工用地给乙方，否则应给予合理的场地租赁费用。

该案例的提示：虽然乙方将工期压缩在35天内，也为此额外付出了加返施工的措施和人员，但乙方在索赔报告中没有提供有力的依据，导致此项费用未被甲方认可。所以索赔过程中各方都要注重索赔相关证据的收集和整理，并且在索赔报告中要有详细体现。

案例二 由于工程暂停引起的索赔

案情：某外资开发商(简称甲方)在某市中心投资建造一高标准公寓大楼，1998年由该市一家建筑公司承担总承包施工(简称乙方)，双方参照91年建设部颁布的示范合同文本签订了施工承包合同。

2000年6月初工程因甲方原因全面停工，当年6月底前，甲方书面通知乙方工程因外部市场环境需暂停施工，暂停时间要达8个月以上。并要求乙方在此期间负责施工现场的一切保卫、维护等工作。合同工期给予相应的延长，乙方承担的额外费用开支复工后一并结算，乙方无书面反对意见。

2002年3月，甲方通知乙方于当年4月复工。当年3月底，乙方向甲方提交了一份因停工产生的额外费用索赔报告，主要费用款项如下：

1) 工程现场管理及维护费用 约80万

2) 人工损失(按停工前现场20个管理人员，150余名工人计)约370万

3) 施工机械台班费(含一台塔吊，二台升降机，八辆运输车)约245万

4) 其他费用(如水电费等)约30万
共计约725万

甲方收到该索赔报告后对其2)、3)、4)项金额不予认可，经协商，双方分歧无法统一，最后双方同意聘请双方均认可的造价咨询公司对上述费用进行核定。

14天后，核定书交到了甲乙双方手中，双方审核后无大的分歧，总体上接受核定书的方案：

1) 现场管理维护费用存在，经测算，合理费用约为60万

2) 索赔报告中人工损失计算不合理，在2000年6月底甲方发出书面停工通知后，乙方应在合理时间内安排现场富余人员，不应再计取费用，故按此原则计算，人员损失约为130万

3) 机械费计算原则同上，接甲方通知后乙方应在合理时间内退出现场，不再计取台班费，但应给予进出场费。前期台班费用中也按机械静止状态计算。约为85万

4) 其他费用经逐项分析后约为26万
共计301万

该案例提示：索赔潜在于工程建设的各个时期，只要各方意识到有索赔的机会存在，就应及时、全面地发现索赔机会，从而准确、合理地提出索赔报告。

6 结束语

在工程索赔的过程中往往存在不少误区，目前急需破除的几个误区是：

1. 索赔应该理解为经济补偿，不能认为是惩罚，索赔是属于正确履行合同的正当权利要求。

2. 业主对索赔的动机理解不准确，认为索赔是承包商的讹诈行为，把索赔作为一种补偿合同任一方所蒙受的不合理损失的手段。

3. 承包方在工程承包中一般处于弱势地位，如提出索赔，则可能会影响和业主的进一步合作，而不愿意提出。

4. 承包方工程师对技术规范文件及业主、监理、施工单位往来性文件理解不深刻，不能利用风险且找不出充分理由提出索赔。

5. 承包方的项目经理和现场技术负责人对索赔工作认识不足，对工程中可提可不提的索赔，考虑到业主的付款等因素，本着大事化小，小事化了的态度，往往不愿提出。

6. 承包商不重视索赔过程中的证据收集和索赔计价，缺乏相应的专业知识，导致索赔的最终失败。

随着我国建筑业进一步融入WTO，工程索赔必将频繁地出现，索赔工作也将逐步步入正常轨道，但我们只要充分理解施工合同、施工图纸、技术规范及业主、监理的各项往来性文件，在索赔工作中做到有理、有据，那么将会有更多的索赔项目被受理或批复。

浅谈我国大型工程施工总承包中的高效团队组建

◆ 徐仲卿

(北京城建集团国家体育场工程总承包部，北京 100101)

摘　要：我国工程建设总承包的模式在逐渐走向国际化，施工总承包是目前我国应用最广的一种工程建设总承包模式。而组建高效的项目建设管理团队是我国现阶段施工总承包管理的关键。本文结合大型工程施工总承包管理的实践，从组建高效团队的影响因素、成员招聘途径、选人原则等方面，进行了阐述。

关键词：大型工程；施工总承包；高效；团队组建

随着我国工程建设管理体制改革的不断推进，我国工程建设总承包的模式在逐渐走向国际化。目前在我国大型工程项目建设中，施工总承包是应用最广的一种工程总承包模式。该模式是指建设单位将工程建设的施工任务，全部发包给一家具备相应施工总承包资质条件的承包单位，由施工总承包单位对工程施工全过程及验收负责的总承包模式。大型工程施工总承包管理是一个系统工程，涉及土建、装修、机电等专业。同时，各专业、劳务分包队伍要在有限的空间、时间内交叉作业。为了确保工程进度、质量和成本控制，需要组织管理的综合协调和对工程建设的统一指挥。总承包施工管理团队在施工生产中充当"协调"的角色。因此，组建高效的项目建设管理团队是发挥资源优势互补、优质高效实现项目管理目标的关键。

高效管理团队是一种通过成员之间高度积极、自觉的协作来实现一个具体项目的目标而组建的工作组织。它具有目标统一、凝聚力强、关系融洽、沟通畅达、技能互补、执行力强、工作高效等特点。项目管理团队虽是一种临时性的组织，但高效的项目管理团队是完成一次性复杂任务的最有效的组织形式。米卢曾在1994年世界杯开赛前为美国足球队编写了一个"教案"，首页上的标题是"只有依靠团队才能打胜仗"。项目管理团队的发展一般要经历组建阶段、成长阶段、成熟阶段。三个阶段依次展开形成了一个团队从创建到发展壮大，取得辉煌的过程。其中，组建阶段是企业为实施某一工程项目施工任务，挑选合适的人选，组成工作队伍的过程。这一阶段是创建大型工程施工总承包高效管理团队的关键环节。

1 组建高效的施工总承包管理团队应考虑的因素

根据建设项目的工程特点、建设规模、政治影响、地理位置、气候特征及《施工项目管理实施规划》的岗位设置，选派合适的人是组建施工总承包高效管理团队的重要基础。一般说来，组建高效的施工总承包管理团队应考虑团队成员的专业背景、教育程度、工作经历、年龄、个性与能力类型等因素。这些特征反映了团队成员的经验、认知特点、决策偏好和价值观等深层心理因素，并影响到项目管理团队的运行。

1.1 专业背景

在施工管理团队组建过程中，团队成员的专业背景尤为重要。不同的施工任务需要不同的专业技能来完成。在工程施工总承包管理中，从土建施工、装饰装修到设备采购及安装调试等，具有很强的技术性、专业性、复杂性，要求相关项目管理人员必须具备专业背景。根据工程特点和建设规模，不同的业务部门应选用最合适的业务人员。大型工程项目对管理人员的业务素质要求很高。选用的人员首先应具有良好的专业背景。技术技能的高低是选任人员的重要依据。考虑到项目成本的限制，团队管理应该是动态的管理，不同的施工阶段对各专业人员的需求量是不一样的。如具一项工作是由相应的专业背景的成员去完成，该工作目标就更易获得成功。

1.2 教育水平

教育水平高的管理团队不但拥有丰富的信息来源和较强的信息加工能力，而且对环境的变动较为敏感。因此，团队的平均教育水平往往和团队绩效正相关。统计表明：接受过正规教育与没有接受过正规教育的团队成员明显不同；接受过高水平教育与接受过低水平教育的团队成员明显不同；接受过国际化教育与未接受过国际化教育的团队成员明显不同。

1.3 年龄与工作经历

从某种程度上说，年龄决定了一个人的生活阅历。人的认知不可避免地带有时代的烙印。工作经历则是一个人经验积累的过程。年长的管理者通常经验丰富、办事沉稳、深思熟虑，年轻的管理者则具有活力、胆识、冒险精神、创造性等。即使具有同样的年龄，生活与工作的环境不同，每个人的工作经历也会有所不同。在工作中，表现出不同的价值观与行为。建筑施工项目管理常常可以借鉴以往类似工程的管理方法和思路，所以大型工程施工总承包管理团队组建时，应针对工程特点，优先录用具有类似工作经历的人员。

1.4 个性与能力类型

管理团队组建除了要考虑成员的年龄、性别等个人特征，还需要考虑其个性及能力类型是否匹配。个性与能力类型是高效管理团队成员之间关系融洽、沟通畅达的主要影响因素。团队的运行不是简单的1+1组合，它依靠团队成员的协同作用。团队成员的人际关系处理不当，成员间就无法很好的协作，很可能出现1+1<2的情况。在现实中，我们常常看到许多团队成员间内讧的现象。个人的能力是有限的，团队需要成员间能力的有机组合。团队成员的能力主要分为组织决策、技术专长、人际关系能力三类。每个成员有自己的专长，不可能面面俱到。在高效的施工总承包管理团队中，具有组织决策能力的成员适合统领全局；有技术专长的成员负责具体施工方案的编写；有协调能力的成员可以负责协调各分包方之间的关系。在实际工作中，具有技术专长和人际关系协调能力的成员必须密切配合。只有这样才能使团队作出全面和正确的决策，顺利实现管理目标。

另外，团队中的性别搭配对业绩有重要影响。研究发现：若女性成员具备某方面的专业能力，并且她们在团队中的比例为21~40%，则她们不仅能在决策过程中产生必要的认知冲突，同时还能减少情绪冲突，提高管理团队的绩效。这是女性成员对组织在完成某项任务时的重要贡献。

2 团队成员招聘途径

组建高效的项目管理团队，在确定人员的选用标准后，就要着手进行选聘。招聘可分为内部招聘和外部招聘两种。内部招聘是人力资源主管部门进行内部识别后，先由具备资格的员工填补职位空缺的过程。内部招聘的有效手段是：员工数据库、工作公告和员工自荐等。重要岗位外招则是企业根据职位需要，从外部寻求潜在员工的过程。外招常见的方法：招聘启事和职业介绍所。外招的人员常用来补充初级岗位或者获得现有员工不具备的技术。

3 选人原则

团队人员的选择决定于团队的工作职位要求及成员技能的互相搭配的总体效应。成员各自的技能应是互相补充的，而不是对称的。由于大型工程施工的复杂性，高效的施工总承包团队需要多种技能和角色，要充分发挥团队成员技能相互搭配的总体效应。总的原则是：人与事匹配，人与人和谐。一个全部由具有同样技能的人员组成的群体，无法完成复杂的任务。

施工总承包管理团队建设仿佛是一场戏。角色组合得当，运作流程顺畅，这场戏就可以有声有色。团队成员应在团队运行中找到并演好自己的角色。成员角色互补的团队才能运作流畅和高效率。选定合适的人员，只是高效管理团队建设的第一步。项目团队组建后，要明确各团队成员的角色和责任分工。团队成员要尽快在新的环境中找准位置，逐步实现相互融合。培养团队精神、养成团队优良品质、建立团队规范，是团队建设的主要目标，也是施工总承包管理团队高效运行的保障。

施工总承包的最大特征，就在于总承包商要对参与项目的各种要素，适时组织、协调和管理，承担起全面完成项目目标的责任。这一建筑工程总承包模式，要求施工总承包管理团队必须具有丰富的实践管理经验的专业技术和业务管理人员、完善的管理机构和严密的管理体系，具有较强的执行力和创新力。在进行工程项目管理时，高效管理团队是实现安全、工期、质量、成本、功能等"五统一"管理目标的关键，是取得缩短建设工期、降低建设成本、提高工程质量等综合效果的保证。

北京建工集团
高技能人才的摇篮

◆ 陈玉学

(北京建工集团，北京 100055)

北京建工集团作为首都建设的骨干力量，代表作品遍布京城，其中20世纪50年代"十大建筑"中的七项，80年代"新十大建筑"中的四项，"90年代十大建筑"中的八项系建工集团承建，建国以来绝大多数外国驻华使馆及外交公寓，北京各主要工业区及大型科研、医疗、教育、服务设施无不出自建工集团之手，为首都的城市化、现代化建设做出了突出贡献。

北京建工集团有限责任公司的前身为北京市建筑工程局，成立于1953年，50余年来，已发展为集设计、科研、施工、建筑安装、物流配送为一体、具有房屋建筑工程施工总承包特级资质以及国际工程承包、对外贸易资格和实力的跨行业、跨地区经营的大型企业集团。集团总资产150多亿元，下属企业150余家，自有职工20422人。其中技术工人3633人，占职工总数的17.8%。在技术工人中，高级技师46人，技师372人，高级工742人。技师及以上人员占技术工人总数11.5%。2005年完成建筑业总产值149.9亿元，综合经营额达到201亿元，位居全国500强企业第151名（在建筑企业中排名第11位），全球最大225家国际承包商181名。

建工集团始终坚持"建楼育人"的宗旨，造就了一批又一批时代的精英，仅省部级以上劳动模范就有823人次。随着改革的深入发展，建工集团锐意进取，制定《2004—2010年集团发展纲要》，确立了建设具有国际竞争力新型企业集团的战略目标，实施"以人为本、人才兴企"的人才战略，并明确将工人技师培养作为集团五大人才培养工程之一，努力培养和造就一批具有高超技艺的高技能人才。

为实现集团发展纲要提出的工作目标，近年来我们在企业技能人才培养方面采取了以下主要措施：

1.通过各种方式和途径,加大宣传力度,努力营造尊重技术工人、爱惜技术人才的良好氛围。集团宣传工作坚持超前策划、同步到位、跟踪不舍的方针,对生产经营过程中涌现出的模范人物,在从中央到地方的新闻媒体上,进行了连续、多方位、多角度的报道,产生了积极的社会反响。集团先进的工作经验和突出的工作业绩,以及大批英模人物,通过及时有效的宣传,得以不胫而走,在社会上广为人知。

2004年,集团大力推出并表彰了在平凡的岗位上做出了突出贡献的十名优秀技术工人;同年,通过职工知识技能素质星级达标活动的推进,发现、树立并表彰了一批刻苦学习的技能人才典型,在此基础上,编写了《让知识照亮事业的航程》一书,对"干挂王"顾平利、塔吊能手张长海、测量女杰谷玉珍、测量技师李其春、多面能手刘青华、国宝级测量专家徐伟以及从塔吊司机能手成为项目部副经理的叶根胜等新一代技术工人成长楷模的事迹大力宣传,激发了广大员工学知识、练技术、长才干的热情。

2.广泛开展群众性的岗位练兵、技术比武和劳动竞赛活动。为全面提高劳动者素质,努力培养"四有"职工队伍,掀起群众性"学技术、钻业务、练本领、强素质"的热潮,集团发出于展岗位练兵、技术比武的号召。自2003年以来,集团共组织了近20次全集团范围内各工种(专业)技术大比武活动,其中比较典型的有机械公司开展的"十佳技术能手"评选活动、三建公司开展的"千名职工业务技术大比武活动"和安装公司开展的"职工技术比武活动",使一批劳动技能精湛的优秀技术工人典型脱颖而出。集团还开展了以加强管理、提高效益、创精品工程和提高员工技能素质为主要内容的项目五星级达标竞赛,分别在大型重点工程、特别是奥运工程中,开展分阶段的劳动竞赛,有效地提高了广大参赛人员的技能水平。在2004年"北京市建筑青年能工巧匠大赛活动"中,我集团涌现出一批青年技术能手,刘青华、唐先冬、张开等进入各专业工种前十名。其中,刘青华获得钢筋工第一名,被授予"北京市建筑青年能工巧匠"和"北京市青年建筑英才"荣誉称号。

3.在激励机制上,强调技能人才的价值,出台了《北京建工集团有限责任公司关于工人技师、高级技师待遇问题的若干规定》,对持有工人技师、高级技师证书的在岗人员,分别比照本单位现行中级专业技术人员、高级专业技术人员的职称津贴(或专业技术职务工资)标准及福利待遇标准,建立工人技师津贴和福利待遇标准;技师培训费用企业全额报销。

4.以集团职业技能鉴定所为依托,积极开展技能培训、鉴定工作,为施工生产一线输送了一大批高水平的技能人才。集团职业技能鉴定所作为北京市"电气设备安装"、"锅炉设备安装"、"塔式起重机驾驶员"、"工程机械修理"等工种的技师、高级技师鉴定工作的组长单位,在行业技能培训、鉴定考核工作中,发挥了重要的作用。先后开办了多种全市性行业技师培训班;为北京市劳动局等政府和行业主管部门编制多工种鉴定考核题库、考核标准、考核大纲;承办了全市若干工种的技能大赛,为本市行业技师培训、鉴定工作做出了突出贡献。近年来,集团已培训的建筑行业工种有:瓦、木、抹灰、钢筋、混凝土、建筑材料试验、工程机械修理、电气设备安装、架子、起重等十多个工种,累计培训技术工人30000余人次,其中:培训高级工7000人次,技师及高级技师210人次。并对已经取得技师和高级技师资格证书的技术工人进行继续教育,先后共举办5期培训班,积极为企业培养迫切需要的一专多能的技术能手。

三

建工集团高技能人才培养工作硕果累累,集团技能人才队伍素质不断提高,结构不断优化。自2003年以来,集团高级工及以上技术工人比例大幅提高,高级工由2003年的1.3%上升到2005年的20.4%,技师、高级技师由2003年的0.8%上升到11.5%,而且大量的技师、高级技师拥有多种技能,更适应集团现有的施工组织管理模式和用工模式,不仅节约了成本,而且提高了效率,并涌现出大量闻名业界的明星技术工人。

在电梯安装行业享有盛誉的全国劳模高占强,创造了每部电梯在运行中都能"立锚不倒"的神话。他参与工程30余项,其中12项获得"鲁班奖"、"市优工程金杯奖"、"市优工程"、"市样板工程"。他参与安装的电梯数百部,合格率达到100%、优良品率达到98%。从优秀共产党员、市爱国立功标兵、建设部劳模、全国劳模,他逐步成长并成熟起来。

瓷砖工出身的顾平利，在石材幕墙干挂工艺兴起后，努力学习，刻苦钻研，勤于实践，亲自主持和参与完成了十多个大中型施工项目，石材安装面积20余万平方米，工程质量均为优良，所施工程中获得过"全国建筑工程装饰奖"、"全国建筑工程科技奖"、"全国工程建设质量管理奖"。他主持设计的实用新型石材幕墙"防风抗震挂件"和"燕尾式挂件"获得了国家专利，在建筑装饰装修工程中，创造了突出的业绩，被媒体和用户誉为"干挂王"。他本人品行高尚、技艺高超，荣获了"北京市劳动模范"、"首都劳动技能勋章"、"北京市十大能工巧匠"和"全国技术能手"等荣誉，他的业绩曾被多家新闻媒体争相报道。

农民合同工出身、在北京市"能工巧匠"比赛中获得钢筋工状元的多面能手刘青华，多年坚持刻苦学习、钻研技术，苦练基本功。通过不断总结实际工作中的经验和教训，逐渐形成了自己的一套钢筋工"翻样、后台加工及现场绑扎"的方法。他还练就了一手"背图纸"的绝活。每到一个工地，他只要一拿到整套图就开始背诵，记住所有的轴线关系，墙、柱、板、门、窗等构件的几何尺寸及配筋情况，极大地提高了工作效率，人称"活图纸"。他利用业余时间刻苦学习，先后考下了测量员、质检员、土建工长的上岗证书，学会了CAD制图，研创了计算机处理测量放线数据的方法，使工作效率提高一倍。

测量放线高级技师徐伟，从一个只有初中文化的学徒工，一步步地成长为高级技师，成为北京市测绘协会会员。他的论文《中日青年交流中心施工测量》，获集团科技进步三等奖和测绘学会优秀论文三等奖，并在《北京测绘》上发表。他在大型场地控制测量、钢结构安装测量、土应力对测量点位的影响、温度对测量的影响、非圆曲线测量、测量方案编制和数字化测量等许多方面都进行了广泛系统的研究，取得了良好的效果。他对激光铅直仪的应用技术、应用价值和应用前景进行了深入细致的研究，完成了《激光铅直仪在建筑施工测量中的应用技术研究》论文，发表在《建筑技术》上，获集团科技推广二等奖。他还完成了《ASA保温板施工技术研究》《新型建筑胶替带107胶在工程中的应用》等六篇非测量专业科研成果。他先后主持了中日青年交流中心、华北大酒店、东方广场、首都机场扩建等大型重点工程的测量工作，参与了北京市建筑技术管理规程（测量部分）、奥运会主体育场等多项有影响重点工程投标及施工组织设计中测量方案的编写，并在同行中作为范本使用。他针对基坑支护存在安全隐患，提出了《关于加强基坑支护体变形监测的建议》，并编写了《基坑支护体变形监测要点》，得到了企业领导的高度重视，单位的基坑支护工作从未发生过安全事故。他撰写的《关于建筑施工测量管理体制改革的探讨》荣获中国建筑学会优秀论文三等奖。作为一名技术精湛的工人，他还参与了企业质量管理体系程序文件的编写，参与了施工工法《施工组织设计编写与管理参考资料汇编》工作；2004年，在本单位千名职工业务技术大比武中，他圆满地主持策划了测量放线专业比武工作。

技术工人队伍素质的提高为集团的发展带来了巨大的推动力，工程质量在业界享有盛誉。截至目前，集团已获得鲁班奖42项，国家优质工程奖21项，中国土木工程詹天佑大奖6项，北京市级以上优质工程奖489项，国家级科技成果45项，北京市级和部级科技成果248项，国家级工法23项，获奖数量居全国同行业前列。2005年还荣获全国实施卓越绩效先进企业和首届北京市工程质量管理奖。

高占强、顾平利等高技能人才的精湛技艺和良好业绩使很多业主慕名而来，指定将工程交予他们施工，提高了企业竞争力。

集团在高技能人才培养方面所做的努力得到了有关部门和领导的充分肯定。2004年11月，北京市人大代表、教育督导室领导莅临集团进行了教育检查和指导工作，对集团在技能人才方面的成绩给予充分肯定并在网上进行了表扬。在2005年9月的北京市技能人才展示会上，北京市市长王岐山对集团展示的成果表示了充分肯定和赞扬。集团职业技能鉴定所年年被市劳动和社会保障局评为先进单位，集团培训中心（含长城职业技术学校）在2005年的教育评估中被评为北京市建设行业优秀培训机构，2006年被推举为北京市职业教育先进单位。由于在各种技能竞赛、比武以及知识竞赛活动中连年取得优异成绩，集团2001年被评为"北京市职业技能竞赛优秀组织单位"，2004年被评为"新世纪北京首届职业技能大赛优秀组织单位"，2005年获北京市青工技能振兴计划指定培训机构，被授予"全国五一劳动奖状"。

热点解答

1、现在建造师的考试管理年限是2年,如果我2004年只考过了一门,2005年没考,2006年再考的话,需要再申请一个档案号吗?原来的档案号是不是就注销了?

有关一级建造师执业资格考试的考务工作2004年2月19日人事部建设部发布的《关于印发〈建造师执业资格考试实施办法〉和〈建造师执业资格考核认定办法〉的通知》(国人部发[2004]16号)已经明确:由人事部人事考试中心负责。关于成绩的管理16号文第九条规定:"考试成绩实行2年为一个周期的滚动管理办法,参加4个科目考试的人员必须在连续的两个考试年度内通过全部科目;免试部分科目的人员必须在1个考试年度内通过应试科目。"由此可以知道,上述情况下2006年需要重新报考。

2、很想知道智能建筑属于建造师的哪个专业?

智能建筑应属房屋建筑工程范畴。但如果只考虑建筑智能化,也可以报考机电安装专业。

3、报考建造师要单位证明是吗?单位一定是要有资质的企业吗?

报考建造师需要单位出具证明。16号文第十一条规定:"参加考试由本人提出申请,携带所在单位出具的有关证明及相关材料到当地考试管理机构报名。考试管理机构按规定程序和报名条件审查合格后,发给准考证。"

关于企业资质的问题,人事部、建设部2002年12月5日联合发布的《关于印发〈建造师执业资格制度暂行规定〉的通知》(人发[2002]111号)规定了报考人应满足的学历、所学专业及从事建设工程项目施工管理年限等方面的条件,没有限定申请人所在企业应具有的资质。但取得执业资格证书和注册证书并以注册建造师的名义执业时,执业的工程范围和规模与企业资质有关。

4、本科毕业满4年,是不是一定要足月啊?我2002年毕业今年是否可以报考?

必须满4年。2002年毕业的那要看几月份毕业,几月份报名。

5、考了建造师,原来的挂靠单位换过,怎么换?

建造师执业资格证书上没有单位的限制和约束,注册证书上有单位的限制和约束。如果注册后注册的单位有变化,需要按规定的程序和要求进行注册变更。

6、考核认证的国家一级建造师执业资格证书发放工作全面启动,考试的呢?

通过考试取得一级建造师执业资格证书的发放工作,由各地由省级人事管理部门负责。2004年度的证书发放业已结束,2005年度的有关工作也已展开。

中国建筑业及其企业管理的新构思

——浅析《21世纪中国建筑业管理理论与实践》

一部以国家自然科学基金资助项目研究成果为基础、专门研究中国建筑业及其企业管理问题的专著《21世纪中国建筑业管理理论与实践》，在国家科学技术学术著作出版基金资助下，近日由中国建筑业出版社出版发行，提出了中国建筑业及其企业管理的新构思。

建筑业是一个在大自然中建造不动产的行业。建筑业营造了人们赖以生存、工作和学习的物质基础条件和文明，吸纳了总人口3%的从业人员，供养了10%的国民。然而，由于建筑产品及其生产过程的技术经济特点，建筑业本身没有永久的生产场所，企业的生产过程不连续、不均衡，生产经营的流动性造成一定的无效耗费、低收益、低效率并且由此引出大量的社会问题，也影响着该行业自身的成长和发展。对此，自改革开放、特别是进入社会主义市场经济体制时期以来，政府和建筑企业都一直在寻求妥善的解决办法，谋求通过对建筑业及其国有大中型企业的科学管理来提高它的生产效率、经济效益和竞争力，但由于缺乏符合市场经济规律和建筑行业特点的系统理论支持，往往很难摆脱传统思想与管理模式的束缚，很难在行业管理上形成明确稳定的改革方向和系统的配套政策。《21世纪中国建筑业管理理论与实践》一书，基于对建筑经济活动规律性和建筑企业生产经营活动内在经济问题的科学分析，系统地研究了中国建筑业的管理模式、产业预测、增长方式、价格机制及建筑企业管理现代化的问题，为中国建筑业及其企业改革、成长、发展，提供新的知识。

一、中国建筑业管理模式的总体构想

本书中，著者基于对建筑业生产力要素特质及生产力结合方式的科学分析，以建筑业生产力组织形式必须遵循的自然规律和经济规律为依据提出了中国建筑业管理模式的新构思，即：弹性的生产力，刚性的企业结构，法定的企业生存空间，行业归口管理。这种管理模式以具有综合承包能力的总承包企业为核心，采用有弹性的集团化、社会化生产力组织形式，使一般工程建设由总承包人组织当地专业化、劳务型的协作公司在业主指定地点的同一空间分工生产同一产品的方式来进行，从而既能充分满足多样化的建设需求，又能减少乃至消除流动性引起的无效生产耗费和诸多社会问题，有效提升企业的竞争力和盈利能力；进而，通过对大、中、小企业比例的有效控制和各类市场空间与角色的合理定位，促进建筑业生产力优化组合，使大、中、小企业之间的以合作为主，同类企业在同一层次开展竞争，形成竞争有序的市场环境。

按照上述的建筑业管理模式的总体构想，本书以科学的生产力组织形式为核心，深入地研究论述了中国建筑业的产业集群、产业机构、适度规模、就业方式、市场管理等方面的重大问题；通过多国建筑业的比较研究和实证分析，提出了以总人口的3%来界定中国建筑业的适度规模（从业人员规模），将建筑业大（包括特大）、中、小企业比例控制在1‰、1%、98.9%左右的结论性建议以及对建筑市场既按客体类别分层，又按主体资源分层管理的论点和论据。

二、产业预测及经济增长方式

本书第二篇，紧密结合我国国情和建筑业成长发展的实际，在大量占有资料的条件下，采用规范研究与实证研究相结合、定性分析和定量分析相结合的方法，系统地研究了经济发展阶段与建筑业的繁荣周期、中国建筑业的成长发展轨迹与经济增长潜力以及影响建筑业经济增长的先导变量和中国建筑业的经济增长方式等问题。

(1)在对建筑业一般成长规律进行理论分析的基础上，利用34个处于不同发展时期国家的横断面数据，回归模拟出了建筑业增加值在GDP中所占比重(C)与人均GDP(GP)的关系，结果发现：建筑业增加值在GDP中的比重随人均GDP增长而呈现显著的三次曲线关系（$C=4.644262+0.783140GP-0.069595GP^2+0.001606GP^3$），即先上升，后下降，然后随人均GDP增长还有可能再次上升；正常情况下，第一次达到顶点位置的产值比重（产业增加值/GDP）为7.28%，中国建筑业正处在向这一顶点攀升的过程中。这一多国横向研究结果弥补了纵向研究的局限性，揭示了建筑业的长期发展趋势和规律，为建筑业长期产业预测和产业规划、产业评价等提供了新的工具和依据。

(2)在定性分析的基础上，以中国建筑业产业增加值(CVA)的对数增长率（$d\ln CVA=\ln\dfrac{CVA_t}{CVA_{t-1}}=\ln CVA_t-\ln CVA_{t-1}$

衡量建筑业的增长速度,采用Unit Root Test和Granger Causality Test方法,对中国建筑业经济增长的相关变量进行Granger因果分析,结果发现:中国GDP增长、对外经济合作(包括对外承包工程、劳务合作和设计咨询)、外商直接投资、三次产业人员流动、国家科技投入都是建筑业产出的Granger因,对建筑业成长有带动作用;其中,GDP、对外经济合作和外商直接投资的增长分别与建筑业产业增加值增长有协整(cointegration)关系;建筑业产业成长则是其企业结构形态变动的Granger因,产业的发展促进了多种所有制形式的企业出现,提高了市场竞争效率;在宏观经济政策方面,财政政策没有货币政策对中国建筑业的影响明显,Granger检验显示政府积极的财政政策对建筑业增加值增长促进作用不显著,而货币政策却由于对信贷和货币供给的控制而影响着建筑业的产出水平,这一结论并不与我们的预料一致。上述分析和发现,全面、深入地揭示了中国建筑业的增长影响变量,从不同角度刻画了中国建筑业的发展轨迹及其成长特点,成为描述其经济增长方式的深层基础,同时也为预测建筑业产出变动提供了指示变量,为与建筑业有关的宏观经济决策提供了新的依据。

(3)采用因子分析方法对中国建筑业增长影响变量进行了综合分析,得出了中国建筑业增长的综合影响因子——资源投入因子和资源流动因子。以这些增长影响因子为变量,对建筑业增加值增长率建立了多元回归方程,通过因子分析和回归模拟发现,目前中国建筑业产出增长主要依靠的是资源投入因子,定量地揭示了其经济增长方式的现状和其中的问题,并预测了在这种经济增长方式下建筑业的增长空间,以及转变增长方式时的预期增加值增长率可达到15.23%。这一研究结果有助于促进建筑业通过经济增长方式的转变实现可持续发展和长期繁荣。

三、建造价格管理与预测

本书第三篇论述建造价格管理与预测,旨在弥补中国建筑业市场化进程中管理理论与实践上的缺陷与不足。

20世纪80年代初期,当中国经济体制改革的重心由农村转入城市时,建筑业通过推行招标投标制率先进入了市场并逐步建立和完善了一整套市场"游戏规则",但却始终没有解决好价格水平问题,即缺少一个价格要素和经济环境不断变化的情况下能为投资者和建设参与者各方共同认可的合理价格水平的判据,因此难于避免恶性低价竞争和交易中因信息不对称所造成的欺诈行为发生。对此,本书的第三篇建造价格管理与预测,通过市场经济环境下建设管理方和参与方主体行为的博弈分析,揭示建筑经济活动中价格机制作用的对象与机理,并据以构建了适合于中国国情的建造价格管理体制,同时基于时间序列、回归分析和协整理论,建立了面向投资方、建筑企业和政府宏观调控需要的建造价格水平预测通用模型,为建造价格管理体制的改革与运作提供了技术支持。

四、企业项目信息化管理模式

在21世纪新经济时代,处于工业化成长期的中国建筑业,将面临良好的发展机遇和前景,但滞后发展的信息化、特别是微观经济活动贴近生产过程的信息化管理,可能是未来中国建筑业与国际同行业的先行者形成新的差距的领域。针对这一薄弱环节,本书企业项目信息化管理模式,主要论述信息技术进步给建筑业企业管理带来的结构性变革,针对项目成功、企业亏损的现实问题和信息技术与建设项目管理业务相结合的难点,研究提出了基于管理维度、技术维度、信息维度为特征的企业项目信息化管理(EPIM)模式及其分解结构、编码体系和技术支持环境,为中国建筑企业提高项目管理水平和在信息技术支持下的管理变革设计了一条新的路径。

作为一部关于建筑业及其企业管理理论和应用研究的著作,本书融合了工程学、经济学、管理学和应用数学的知识,依据建筑经济活动必须遵循的自然规律和经济规律,结合中国国情和建筑行业特点进行创新,提出了诸如弹性生产力、建筑产品生产过程社会化、松散型的集团化产业集群、建筑经济活动的三维结构以及建筑业成长发展轨迹等新概念,给出了建筑业产业预测和建造价格水平预测的新方法,设计了企业项目信息化管理(EPIM)模式新的分解结构和编码体系等。因而,本书的出版为发现、解释和解决中国建筑业成长、发展、改革、进化过程中所面临的管理问题提供了新知识,为建筑业"十一五规划"的制定和执行提供了依据,建设行政管理人员、大中型建筑企业管理人员、有关研究机构和高等院校的教学、科研人员及研究生们,将会从本书中获得启迪和帮助。

面对21世纪中国建筑业的激烈竞争和国际环境的发展机遇,您的企业到底是先扩大发展,还是先提升专业水平;面对众多可参与投标的工程,您为企业制定的是提高产值当先,还是提高利润率当先;面对影响企业和行业的各个因素,您为企业找寻的果是可以增加投入发展,还是平衡投资适度规模发展;面对建筑市场扩大的自主投资,您为企业提供的标底价竞标,还是最低价竞标;面对全行业的信息化快速发展,您让企业是花大资金投入改造信息化管理系统,建立一套新的管理模式,还是将原计算机全部升级,让计算机运行的速度带动企业发展的速度……相信这一切您会从本书获得,为您和企业的发展制定合理战略。

施工现场安全教育教案

本书主要针对施工现场工人为主要教育对象的现场施工安全教育教案。是施工一线从事安全教育工作者对现场安全教育的总结。本书包括的主要内容有：入场安全教育、安全防护管理、临时用电管理、机械安全管理、其他安全教育等内容。

《建设工程项目管理规范》GB/T 50326-2006 简介

为进一步促进我国工程项目管理科学化、规范化和法制化，提高建设工程项目管理水平，建设部组织对《建设工程项目管理规范》GB/T 50326-2001进行了修订，新修订的《建设工程项目管理规范》GB/T 50326-2006（以下简称《规范》）已由建设部和国家质量监督检验检疫联合发布，将于2006年12月1日起正式实施。原同名规范（GB/T 50326-2001）同时废止。

《规范》的修订是在借鉴国际先进项目管理知识体系与通用做法，全面地总结我国二十年来推进建设工程项目管理体制改革主要经验的基础上编制完成的。《规范》包括18章内容：1.总则；2.术语；3.项目范围管理；4.项目管理规划；5.项目管理组织；6.项目经理责任制；7.项目合同管理；8.项目采购管理；9.项目进度管理；10.项目质量管理；11.项目职业健康安全管理；12.项目环境管理；13.项目成本管理；14.项目资源管理；15.项目信息管理；16.项目风险管理；17.项目沟通管理；18.项目收尾管理。最后为该规范的条文说明。

《规范》已由中国建筑工业出版社2006年8月正式出版，平膜装，定价20元，书号14335

建筑工程施工管理技术要点集丛书

——建筑工程质量检验

本书将建筑工程质量检验中有关各种材料及施工工序的检验测试技术，分别予以简明叙述，列出其基本要求和操作方法，其中包括了土建和设备安装各项目的有关材料及工序，可方便读者根据工作需要随手查阅。全书共分两章。第一章为材料检验，列有水泥、钢筋、混凝土骨料、砌体材料、外加剂、防水材料、保温绝热材料、装饰材料、气硬性胶凝材料，以及给排水管材、卫生陶瓷、采暖设备、电气装置的检验方法和标准。第二章为工序质量检验技术，包括地基、桩基、砌体砌筑、结构混凝土、钢筋连接、门窗、外装饰面砖、玻璃幕墙，以及水、暖、电气、卫生工程等施工质量检验，并专门列出了室内环境质量的检验技术。

——施工质量验收

本书主要针对建筑工程施工质量验收统一标准（GB 50300-2001）体现的精神与条文应用进行探讨与介绍。包括：建筑工程施工质量验收的基本规定、强制性条文实施的检查、施工现场质量管理检查、质量验收划分、验收程序和组织、验收表格的使用、工程质量控制资料、安全和功能检验资料，以及有关检验批、分项工程、分部工程、单位工程的具体验收方法。同时对质量指标的设置、验收合格的确认、观感质量检查内容也作了详细分析介绍。

——建筑工程造价管理

本书简明扼要地全面介绍了建设工程造价的基本概念及其管理程序。分别介绍造价的构成，工程定额、指标、工程量清单计价的计价依据，并着重介绍最新颁布的《建设工程量清单计价规范》内容，及其具体应用，阐明了定额、指标与工程量清单的关系。此外，对进行造价管理及计价中所涉及的有关工程建设法定程序和手续，也进行了交代。

——工程项目管理

本书以工程建设管理为主线，依据国家现行的有关标准、规范，全面介绍了建设工程项目前期工作管理、建设监理、勘察设计管理、招投标与合同管理、施工准备、工程建设进度、投资与质量管理及竣工验收等内容。在编写过程中遵循结合实际，力求规范各参建单位在项目管理各阶段的行为，因此具有较强的适应性和可操作性。

——施工组织设计编制

近年来我国工程项目管理和施工领域颁布了一系列规范、规程及相关的法律、法规，对我国当前施工组织设计的编制提出了新的要求，本书正是基于以上需要而编写的。全书从建筑产品的特点入手，简要介绍了施工组织设计的分类、编制依据、原则和内容；施工准备的内容及具体的实施办法；建筑施工流水作业和当前国外网络计划及其优化方案的介绍；编制施工组织总设计和单位工程施工组织设计原则、依据和具体方法等内容。

项目法施工管理实用手册（第二版）

本书依据《中华人民共和国建筑法》、《建设工程项目管理规范实施手册》和施工现场实际需要增加了部分内容修订而成，增加了岗位责任标准及施工项目安全考核。全书的主要特点是将商务管理引入项目法施工的运作过程，阐述以项目经理工为责任承包实体，以技术管理为重点，以商务经济管理为核心，以执法监督部为自我约束机制，将项目法施工引入合同化、法制化轨道的运方式。

※ 政策法规 ※

建设部建筑市场管理司发出关于对外商投资企业在中国境内取得资质情况进行全面调查的通知

中国加入WTO已近五年，为全面准确了解外商投资企业在中国境内取得企业资质情况，对外资企业在中国市场承包工程状况进行科学合理的分析和评估，做好建筑业对外开放政策的研究和制定工作，建筑市场管理司决定对外商投资企业在中国境内取得资质情况进行全面摸底调查。

该次调查范围为：截止2006年7月底，所有在中国境内取得资质的外商投资企业（包括设计企业、建筑企业、监理企业、招标代理机构）。

本次调查结果是中国政府对外谈判、磋商以及对外开放政策制定中的重要参考依据。

建设部要求切实做好《建设工程项目管理规范》的宣贯培训和实施工作

建设部日前发出通知，要求各地全面提高对贯彻《建设工程项目管理规范》执行重要性的认识，并同时切实做好《规范》的宣贯培训工作。通知要求：

（一）各地要结合本地工作实际，研究制定宣贯工作方案和培训计划，采取有力措施，切实取得成效，确保《规范》的有关规定得到准确理解、掌握和执行。

（二）各地要因地制宜地开展形式多样的宣贯培训工作，通过举办培训班、宣贯会、研讨会及新闻媒体宣传等多种方式，广泛宣传《规范》的重要性和作用，力争在2007年年底之前，对本地区建筑业企业项目经理进行普遍培训，培训学时可记入其继续教育档案。

（三）有关行业协会要为企业推进工程项目管理做好服务，组织制定与《规范》相配套的专业工程项目管理实施规程，组织有条件的科研机构和大型企业开发适合本专业工程的项目管理软件，实现工程项目管理信息化和网络化管理。

铁道部新规确保铁路建设工程质量和施工安全

为确保铁路建设工程质量和施工安全，自9月1日起，铁路将实施新的《铁路建设工程质量安全监督管理办法》。

"十一五"期间，铁路将建设新线19800公里。当前，大规模铁路建设已全面展开，质量安全监督工作任务艰巨。该《办法》的实施，将进一步加强铁路建设工程质量安全监督管理，规范监督执法行为，统一监督程序、内容和方法。

该《办法》明确了监督机构与职责并制定了监督检查的具体内容。铁道部工程质量安全监督总站受铁道部委托具体负责铁路建设工程质量安全监督管理工作，对铁路建设各责任主体、有关机构的质量行为及工程实体质量和现场施工安全进行监督检查。监督总站在各铁路局设监督站，在铁道部工程管理中心设直属监督站。

该《办法》指出，监督机构组织对铁路大中型建设项目的质量安全监督检查，掌握工程质量和施工安全动态，通报工程质量安全情况，组织铁路建设工程质量安全监督工作交流；受理有关铁路建设工程质量安全问题和隐患的人民来信、来电、来访等；参加铁路大中型建设项目竣工验收等。

该《办法》明确指出，铁路建设工程质量安全监督从建设项目开工前办理监督手续开始，至建设项目正式竣工验收结束。未办理监督手续的铁路建设工程项目一律不得开工。铁路建设工程质量安全监督实行以抽查为主的监督检查制度，采用定期检查与随机抽查相结合的方式。原则上对大中型建设项目的监督抽查每月不少于一次，并详细填写检查记录。

针对违规质量安全行为，该《办法》制定了具体的处罚程序。根据违规情节轻重，除责令改正、停工、限期拆除外，还将依法给予责任单位警告、罚款、限制进入铁路建设市场等处罚。该《办法》对监督机构本身也提出了严格要求，铁道部工程质量安全监督总站每年度都将对各监督站进行考核。

北京建委新规:瞒报事故 建筑企业降资质

8月30日,市建委在其官方网站(www.bjjs.gov.cn)上公布了《北京市建筑业企业资质动态监督管理办法(征求意见稿)》(以下简称办法)。其中特别规定,施工企业一旦出现隐瞒或谎报安全事故情况,将被暂扣企业资质证书或降低相关资质等级,情节严重的还将被吊销资质证书。

据了解,目前很多建筑企业发生安全事故后,经常以瞒报或谎报等形式逃避处罚,给主管部门的调查取证带来很大阻碍。对此,该办法制定了一个专门针对建筑企业违规行为的记分标准,在一个考核周期内(从每年1月1日起至12月31日止),将对企业存在的不良行为进行打分。办法规定,企业因违法违规行为一次被扣分达到10分的,市建委相关监管部门将责令企业违法违规工程项目立即停工整顿。在停工整顿及其后续处罚期内,市区两级建委各业务部门和办公窗口停止为该企业办理与资质有关的任何业务事项。与此同时,对于存在三级(死亡超3人)及以上工程建设重大质量安全事故的,或者瞒报安全事故、破坏安全事故现场、阻碍对事故进行调查的,市建委均将暂扣企业资质证书6个月或12个月,暂扣期间企业将不能揽"新活"。对于情节严重的,将直接降低企业资质等级,直至吊销企业资质证书。企业一旦降级后接活的范围将受到限制,资质吊销则意味着企业被清出了建筑市场。

该办法征求意见截止日期为今年9月30日,其间,市民可登录市建委网站提交意见和建议。

※ 建设简讯 ※

中国建筑学会工程管理分会 2006年学术年会

中国建筑学会工程管理分会2006年学术年会暨普华科技2006年项目管理国际研讨会将于2006年10月19-21日在成都举行。

本届年会的主题是"加速实现工程管理信息化"。届时将既有来自国内外知名的专家学者就工程管理信息化的前沿理论和实践作专题演讲,也有众多来自工程管理一线的实践精英畅谈工程管理信息化的经验,还有普华科技公司的资深工程师将就Primavera系列软件和普华新生代软件作深入浅出的精辟诠释。本届年会将联合整理编辑由中国建筑工业出版社出版的会议论文集;参加本届年会的PMP人员还可获得10个PDU积分。本届年会将会是我国最具规模、最具影响力的工程管理学术会议之一。

2006年7月1日起,建设部启用全国建筑施工企业安全生产许可证管理信息系统,建设单位、施工总承包企业可以通过该系统查询有关企业获得安全生产许可证及是否被暂扣、吊销等情况。

2006年8月至9月,中国建筑业协会将举办"《建设工程项目管理规范》宣贯高级研修班及师资培训班",结束后将分别颁发《建设工程项目管理规范宣贯证书》和《建设工程项目管理规范宣贯培训师资证书》。

7月19日召开了关于研究城市轨道交通关键技术有关问题的会议,并议定先设立了包括城市综合交通与轨道交通规划关键技术、城市轨道交通工程建设关键技术与新技术体系等八个课题进行研究。

8月22日、23日在北京召开全国建筑安全生产联络员第五次会议暨建筑施工安全专项整治现场会。

7月14日,全国建设科技科技会议在北京举行,会上表彰了"十五"全国建设科技先进集体和先进个人。

8月中旬将举行2006年度中央管理的建筑施工企业(集团公司、总公司)三类人员安全生产知识考试。

全国建筑业职业技能大赛决赛将于9月至10月举行。

近日,深圳市首条"代建制"公路——南坪快速路一期全线建成通车。

亚行日前决定在中国实施一项旨在帮助中国政府开展2006-2010"新农村公路发展计划"的技术援助项目。

国家统计局消息,上半年,全国建筑业企业生产规模进一步扩大,施工产值增速上升,完成总产值增23.8%。

7月21日,首届中国建设工程质量论坛在深圳举行。

今年1-4月我国对外承包工程创新绩,完成营业额77.4亿美元,同比增长62%。

6月8日,建设部撤销北京中联华成国际工程设计顾问有限公司的建筑行业建筑工程设计甲级资质。

在日前公布的美国《财富》2006年度"全球最大500家公司"排行榜名单中,中国铁路工程总公司、中国铁道建筑总公司和中国建筑工程总公司三家建筑企业首次进入世界500强,其排名分为第441、485和486位。

中国建设报2006年8月21日报道,北京市公安局、北京市发改委、朝阳区政府、丰台区政府、北京市地税局、北京总工会等10部门办公大楼的节能改造工程拉开序幕。

※ 各地政府 ※

8月17日北京市建委发布《北京市"十一五"时期建筑节能发展规划》,明确要求新建居住建筑全面执行65%标准。

8月14日,北京市环保局公布了最新一期扬尘工地名单,建内改303号工程等5个工地因扬尘被移送处罚。

截止六月中旬,邢台市132个建筑工地全部建成了"十一个"硬件设施,包括一套标准化的宿舍、一个干净卫生的食堂、一个满足使用的水冲厕所、一间足够职工使用的淋浴室等。

福州"市场评估价加奖励"拆迁模式显成效。

河南省将建立监管系统,拖欠工程款休想再施工。

日前,江苏省扬州市出台《建设工程意外伤害保险工作实施意见》。

杭州市7月28日出台《杭州市城市房屋使用安全管理条例》中规定,从10月1日起,新建、改建、扩建的房屋应当实施白蚁预防处理,不采取防治措施的最高将被罚5万元。

8月5日,北京土地储备中心再次放出7个住宅用地地块,规划面积87万平方米,用地位于房山区和大兴亦庄。

《深圳市商品住宅建筑质量逐套检验管理规定》将于9月1日实施。

天津市建筑业开展资质检查。

呼和浩特建委规定,建筑企业不预存农民工工资不能开工。

上海市建筑业农民工必须持《职业资格证书》上岗。

北京市建委:建筑企业资质将废除"终身制"。

哈尔滨:7类危险性工程施工方案需专家论证

6月28日陕西发布建筑工程施工工艺标准,该标准共14分册,350万字。

北京市建委发布了《北京市建筑工程重新申领、变更及补发施工许可证管理办法》。

重庆市3条地铁已获"建设令",明年动工。

6月14日,天津市基层建筑施工企业首批成立的100家安全生产稽查队正式上岗执勤。

8月23日,北京市建委和市发改委联合公布了《北京市"十一五"时期建筑节能发展规划》。

※ 建造师考试、注册 ※

2006年度一级建造师执业资格考试定于2006年11月11日、12日举行。

2006年度二级建造师执业资格考试定于2006年9月16日、17日举行。

2006年6月26日人事部办公厅公布2005年度一级建造师资格考试合格标准,即建设工程经济合格分数为60分、建设工程法规及相关知识78分、建设工程项目管理78分、专业工程管理与实务均为96分。

※ 质量安全 ※

2006年上半年全国建筑安全生产形势

据初步统计,2006年上半年全国共发生房屋建筑与市政工程建筑施工事故380起,死亡456人,分别比去年降低14.4%和下降8.4%。

其中,全国有17个地区死亡人数下降,分别是江西(-66.7%)、西藏(-66.7%)、四川(-62.5%)、湖北(-59.1%)、甘肃(-53.3%)、海南(-50%)、黑龙江(-46.7%)、广东(-30.2%)、重庆(-25%)、河南(-23.1%)、上海(-21.1%)、河北(-18.8%)、青海(-16.7%)、云南(-15.4%)、广西(-12.5%)、安徽(-10.5%)、福建(-5.9%)。

全国有10个地区死亡人数上升,分别是吉林(366.7%)、山西(166.7%)、湖南(80%)、山东(54.6%)、北京(53.6%)、江苏(40%)、陕西(25%)、浙江(12.5%)、贵州(10%)、辽宁(4.4%)。

全国有5个地区死亡人数持平,分别是天津市、内蒙古区、宁夏区、新疆区、新疆建设兵团。

2006年上半年各事故类型死亡人数所占总数比例分别是:高处坠落占39.5%,施工坍塌占22.6%,物体打击占14.3%,起重伤害占8.1%,触电事故占5.9%,机具伤害占5%,其余类型占4.6%。

2006年上半年全国共发生三级重大事故19起、死亡73人,分别比去年上升72.7%和58.7%。全国有14个地区发生了三级事故,分别是全国共有14个地区发生了三级事故,分别是江苏省(3起、12人)、北京市(3起、9人)、云南省(2起、9人)、山西省(1起、6人)、辽宁省(1起、6人)、山东省(1起、5人)、湖北省(1起、4人)、重庆市(1起、4人)、黑龙江省(1起、3人)、四川省(1起、3人)、浙江省(1起、3人)、河南省(1起、3人)、河北省(1起、3人)、陕西省(1起、3人)。

5月份,已连续发生4起重大建筑安全事故和1起市政运营安全事故:

5月2日,陕西省西安市天朗城市花园二期工程,西北电建四公司施工人员进行施工电梯拆除时,出现机械故障,机修人员在维修过程中,梯笼由12层突然坠落,造成3人死亡,1人重伤。

5月7日,新疆维吾尔自治区巴音郭楞蒙古自治州且末县供排水公司组织人员对排水泵站进行检修时,1名检修人员下井作业时落入水中,另6人下井营救相继中毒,共造成6人死亡,1人轻伤。

5月18日,山西省太原市杏花岭区杨家峪街道办事处敦化坊新村村委会原办公用房在拆除过程中发生坍塌事故,在施救过程中又发生二次坍塌,造成6人死亡、7人重伤、12人轻伤。

5月19日,辽宁省大连市开发区金石滩沈阳音乐学院大连校区12号工程,大连玉达建设有限公司施工人员在浇注屋面混凝土时发生坍塌事故,造成6人死亡,3人重伤,15人轻伤。

5月21日,江苏省苏州市昆山经济技术开发区黄浦江路管网改造A标工程,徐州市市政工程总公司施工人员进行排污管连接施工时,2名工人中毒,另3人在施救过程中也相继中毒,共造成5人死亡。

※ 重大工程扫描 ※

京津成规全面施工启动,预计2007年投入使用。

6月18日南水北调中线京石段应急供水工程漕河项目段岗头隧洞右洞胜利贯通。

8月9日,北京地铁机场线隧道施工拉开序幕,2008年4月1日,地铁机场将通车试运行。

8月23日,中国最长铁路隧道——乌鞘岭特长隧道双线开通。

7月1日青藏铁路全线通车。青藏铁路从西宁至拉萨全长1956公里,是世界上海拔最高、线路最长、穿越冻土里程最长的高原铁路。

中国建设报[2006年8月16日,由中国建筑科学研究院结构所承担的《CCTV主楼施工变形监测方案》项目通过专家论证。

建筑时报2006年8月28日讯,中央电视台新址B标工程大型网架开始施工。

法制晚报8月11日,国家大剧院的水下北通廊开始进场施工。

※ 建造师职场 ※

国华国际工程承包公司

国华国际工程承包公司(简称公司)成立于1986年3月,为中国中信集团公司的全资子公司。

公司遵照前国家副主席荣毅仁同志倡导的"中信风格",始终贯彻执行"守约、保质、薄利、重义"的原则,率先向国内引进了国际通行的工程承包方式和先进的项目管理技术,充分利用中信公司强大的集团优势,使公司业务得到快速发展,在BOT融资建设、EPC总承包、项目管理(PM/CM)等方面取得了优异的业绩,在国内外建立了良好的信誉。

因公司业务发展迅速,为满足阿尔及利亚东西高速工路项目、委内瑞拉社会住房项目、巴西坎迪奥塔火电厂项目等大型工程项目建设需要,现诚邀下列优秀人才加盟:

1. 海外工程项目经理
2. 海外项目总工程师
3. 海外项目土建工程师
4. 国际工程造价工程师(概预算)
5. 海外工程部拉美地区总经理、业务经理
6. 海外工程部东南亚地区总经理、业务经理
7. 海外工程部非洲地区业务经理
8. 海外工程部中东地区业务经理
9. 工程项目采购经理
10. 施工设备工程师
11. 质量安全部质量工程师

详细信息可到http://www.citic.com查阅

应聘人员可将简历可发送至:zhaopin06@sina.com(请注明应聘职位)

欢迎加盟"建造师俱乐部"

一、俱乐部定位

"建造师俱乐部"由中国建筑工业出版社组建。目的是更好地回报关心我国建筑师执业资格制度的广大读者朋友,为了更好地服务于建造师,为建造师提供信息交流的畅通渠道,营造良好的互动沟通平台与环境。

中国建筑工业出版社作为建设部直属的中央一级科技出版社,历史悠久,在行业内享有较高声誉,具有雄厚的人力资源和信息资源优势。建设部并授权中国建筑工业出版社独家出版发行一级建造师14个专业,二级建造师10个专业执业资格考试大纲和考试用书及《建造师》丛刊。在此基础上组建的"建造师俱乐部",必将集权威性、知识性与服务性于一体。

二、入会要求:

1.获得"全国一级建造师执业资格"的人员与获得"全国二级建造师执业资格"的人员;需要了解和掌握建造师执业资格制度的相关政策与知识的人士;需要向建造师及建造师执业管理的执业方向发展专业人士;购买《建造师》丛刊,并愿意长期关注刊物的读者;

2.申请入会会员需有时间、有精力、热心参与俱乐部组织的相关活动,积极响应俱乐部的号召,为行业发展和俱乐部的发展建言献策;

3.按要求认真填写会员信息,以便俱乐部更好地为会员服务;

4.目前报名参加免交会费,欢迎大家尽早报名。

三、基本活动:

1.每年将围绕中国建造师执业形势和发展,组织或合办论坛、研讨会等各类活动;组织行业专家和政府主管部门领导为建造师提供执业必需的信息,如编撰行业发展报告、各专业方向的发展报告、专业指数等;俱乐部将邀请会员参加上述活动并提供配套信息服务;

2.依托中国建筑工业出版社各地连锁店,建立建造师俱乐部各省市分部,平时以各省市分部组织活动,建立正常交流场所;

3.积极与各大集团企业联合组织建造师招聘活动,为建造师施展才干提供广阔舞台;

4.《建造师》丛刊将定期面向俱乐部会员组织论文。

四、优惠服务与会员管理

1.优惠订购《建造师》(目前加入的会员可以享受8折优惠);

2.享有向《建造师》推荐文章并在同等条件下的优先发表权;

3.参加俱乐部组织各行业相关会议、论坛、培训等收费活动,享有折扣优惠;

4.不定期免费获得行业发展报告;

5.俱乐部组织的招聘对会员免费发布信息;

6.提供建工版相关图书的书讯;

7.中国建筑工业出版社出版发行的相关图书免费寄送,量大者享受较大的优惠折扣;并且每次购书在100元以上的享受积分,积分值与消费人民币金额等值,当积分达到5000分时返1%,当积分达到1万分时再返1%,当积分达到5万分时再返1%,当积分达到10万分时再返1%,当积分达到50万分时再返1%。积分返点可以继续用于购买书籍,返点购买书籍时继续参加积分。每次购书在100元以下的不享受积分;

8.在各地建造师俱乐部分部活动场所消费享受优惠折扣;

9.为每一位会员设立档案,统一管理,对优秀会员将予以奖励表彰;

10.其他优惠将随活动的展开不断增加。

活动发布网站:www.coc.gov.cn   www.cabp.com.cn

邮寄地址:北京百万庄中国建筑工业出版社   《建造师》编辑部(收)

邮编:100037   E-mai:jzs_bjb@126.com